고교생이 알아야 할
물리 스페셜 *PHYSICAL SPECIAL*

신근섭 · 이희성 (한성과학고 물리교사) 지음

좋은 책 좋은 독자를 만드는—
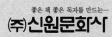
㈜신원문화사

머리말

대부분의 학생들이 물리는 어렵고 까다로운 과목이라고 생각한다. 그 이유는 무엇일까?

이는 수식이나 공식을 무턱대고 외우려고만 하기 때문이다. 하지만 기본 원리나 개념만 이해한다면 물리처럼 합리적이고 재미있는 과목도 없다.

《고교생이 알아야 할 물리 스페셜》은 대학 수학능력시험에 대비하여 고교생들이 쉽고 재미있게 물리를 공부할 수 있도록 기획되었던 《과학동아》에 실린 내용을 새로운 교과 과정에 맞추어 보완·수정하여 펴낸 것이다.

학생들이 너무 부담스러워하지 않도록 쉽고 평이하게 설명하기 위해서 수식은 되도록 피하려 하였고, 고등학교 물리 교과 내용을 모두 다루려고 하기보다 고교생이라면 꼭 알아야 할 기본적인 사항을 중심으로 실었다. 또한 물리에 관련된 지식과 원리를 배운 다음 바로바로 문제를 풀어봄으로써 공부한 내용을 확인할 수 있도록 하였다.

상대적으로 역학 부분의 비중이 커졌는데 이 부분은 우리가 실제 생활에서 직접 경험할 수 있는 내용이기 때문이다. 이 단원의 내용을 다루다 보니, 불가피하게 수식이 많이 들어갔는데, 혹 지루한 감이 있다면 관심 있는 분야부터 하나씩 골라 읽어도 내용 전체를 파악하는 데는 아무런 지장이 없을 것이다.

끝으로 단행본으로 엮는 데 동의해 준 《과학동아》의 김두희님과 (주)신원문화사의 윤석원님, 그리고 편집부 여러분에게 감사의 말을 전하고 싶다.

차 례

고교생이 알아야 할

물리 스페셜 *PHYSICAL SPECIAL*

운동의 법칙

읽기전에

마찰이 없는 세계가 존재할 수 있을까? 만약 마찰이 없는 세계가 있다면 그곳에서는 영원히 운동 에너지가 보존될 수도 있을 것이다. 그러나 우리의 일상 생활은 마찰이 존재함으로써 유지된다. 이 장에서는 운동의 법칙인 '작용—반작용의 법칙', '가속도의 법칙', '관성의 법칙'에 관해서 알아보고자 한다.

1. 만약 세상에 마찰이 없다면

마찰이란 물체의 운동을 방해하는 힘이다. 우리가 사는 세계에는 항상 마찰이 일어나고 있다. 마찰에는 눈에 보이는 마찰과 눈에 보이지 않는 마찰이 있는데, 눈에 보이는 마찰보다는 눈에 보이지 않는 마찰이 더욱 중요하다. 왜냐하면 눈에 보이는 마찰은 우리들이 쉽게 이해할 수 있지만, 눈에 보이지 않는 마찰은 눈에 보이지 않으므로 쉽게 이해할 수 없을 뿐만 아니라 자연을 이해하는 데도 오히려 방해가 되기 때문이다.

➡ 평평해 보이는 면도 미시적으로 보면 울퉁불퉁한 산과 골짜기로 되어 있다. 그러므로 이런 면 위에서 다른 물체를 움직이게 하려면 수많은 산과 골짜기를 넘어야 하는데, 이것이 마찰력의 원인이다. 그러므로 마찰력을 줄이기 위해서 두 면 사이에 윤활유를 뿌려 골짜기를 메워주는 것도 한 방법이다.

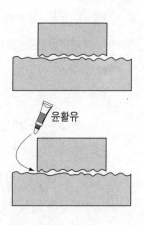

윤활유

자동차가 달리다가 브레이크를 밟으면 쇠판(브레이크 라이닝)이 바퀴를 누름으로써 마찰이 생기고 자동차는 서게 된다. 또한 공장에 있는 기계가 오래되면 삐거덕삐거덕 소리를 내는데 이는 접촉점에서의 마찰 때문에 나는 소리이다. 이와 같은 것이 눈에 보이는 마찰인데, 마찰을 줄이려면 기름을 치면 된다. 그러나 기름을 치는 것도 마찰을 조금 줄이는 역할을 할 뿐 완전히 없애는 것은 아니다.

눈에 보이지 않는 마찰은 공기와의 마찰인데, 공기는 눈에 보이지 않기 때문에 우리는 평소에 그 존재를 잊고 산다.

2. 완전한 얼음판을 탈출하려면

마찰이 없으면 우리는 한시도 살 수가 없다. 사람이 걸어다니는 것도 사실은 마찰이 있기 때문이다. 얼음판 위에서는 걷기가 매우 힘든데 그것은 마찰이 없어서이다. 그렇다면 가정을 해보자. 만약 완벽하게 미끄러운 얼음판 위에 있는 사람이 얼음판 밖으로 나가려면 어떻게 해야 할까?

기어서 가면 되지 않을까 하고 생각하겠지만, 기어서 간다는 것은 물리적으로 손과 무릎까지 얼음바닥에 닿아서 마찰을 증가시키게 된다는 것이다. 완벽하게 미끄럽다는 것은 어떠한 방법을 동원해도 마찰을 증가시킬 수 없는 가상적인 경우를 이야기하는 것이므로 기어도 소용이 없다.

썰매를 탈 때 꼬챙이로 얼음을 찍는 것 역시 마찰을 증가시키기 위한 것이다. 그래서 마찰이 완벽하게 없다는 것은 꼬챙이로 찍는 것과 같은 일도 허용되지 않는 완전히 가상적인 얼음판을 말하는 것이다. 기어도 소용없고 꼬챙이로 찍지도 못하는 완벽한 얼음판에서는, 아무리 몸부림을 쳐도 여전히 같은 자리에 머물 수밖에 없다. 만약 야단법석을 친 후에 자리 이동이 있었다면 그 사이 어느 정도의 마찰이 있었다는 증거가 된다.

➤ 마찰이 전혀 없는 얼음판 위에서는 가지고 있는 물건을 던져야 한다. 사람이 물건을 밀면 반작용으로 물건도 사람을 민다. 물건이 사람을 미는 힘에 의해서 사람은 움직일 수 있는 것이다.

작용-반작용의 법칙
어떤 물체에 힘이 작용할 때 힘은 반드시 쌍으로 나타나며, 이 두 힘 중에서 한쪽의 힘을 '작용'이라고 하면 다른쪽의 힘은 '반작용'이 된다. 이러한 관계를 '작용-반작용의 법칙'이라고 한다. 한 물체가 받는 힘은 작용과 반작용 중의 하나이며, 작용과 반작용의 관계에서 중요한 점은 두 힘이 한 물체에 작용하는 것이 아니라 서로 다른 물체에 작용한다는 것이다.

이렇듯 마찰이 전혀 없는 곳에서 다른 곳으로 이동하려면 자기가 가지고 있는 물건들 중에서 가장 필요 없는 물건을 가고 싶은 반대 방향으로 던지는 방법밖에 없다. 동쪽으로 가고 싶을 때는 신발을 벗어 서쪽으로 던지면 신발은 서쪽으로 운동하고 자신은 동쪽으로 움직이게 된다. 이것을 '뉴턴의 운동 제3법칙' 또는 '작용-반작용의 법칙'이라고 한다. 신발을 던지면서 신발에 힘을 주는 것은 신발이 손을 떠날 때까지이고, 그 사이에 신발에 주는 것과 똑같은 힘을 나도 신발로부터 받게 되는 것이다.

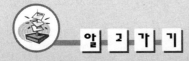
로켓의 원리도 작용-반작용 법칙의 응용이다. 연료를 태워서 분사구를 통해 빠른 속도로 기체를 밀어내면 기체도 로켓을 정반대 방향으로 밀어 이 힘에 의해서 로켓이 앞으로 나아간다. 여기서 로켓이 기체를 미는 힘을 작용이라 하면 기체가 로켓을 미는 힘은 반작용이다.

총이 총알을 밀면 총알도 총을 같은 크기의 힘으로 민다. 그런데 총알의 속력이 총의 속력보다 더 빠른 이유는 총알의 질량이 총의 질량보다 작기 때문이다. 만약 총의 질량과 총알의 질량이 같다면 총과 총알은 같은 속력으로 움직일 것이다.

마찰을 작게 하기 위해서 스케이트보드에 타고 공을 던지면 공은 앞으로 나아가고 던진 사람은 뒤로 물러나게 된다.

가속도의 법칙
우리 주위에서 볼 수
있는 물체의 운동 상
태는 끊임없이 변하고
있다. 처음에는 정지
해 있다가 나중에 움
직일 수도 있으며, 직
선이 아닌 경로를 따
를 수도 있고, 운동하
던 물체가 정지할 수
도 있다. 이처럼 운동
상태가 변하는 것은
여러 형태의 외력이
작용하기 때문인데,
물체에 작용하는 힘은
가속도를 생기게 하
고, 힘과 질량과 가속
도의 관계는 '가속도
의 법칙'으로 주어진
다.

내가 신발에 주는 힘과 신발이 내게 주는 힘이 같은데도 나보다는 신발이 훨씬 빨리 움직이는데 그것은 신발의 질량이 더 작기 때문이다. 물체에 힘을 주면 물체의 운동 상태가 변한다. 즉 가속도가 생기는데 그 가속도의 크기는 힘에 비례하고 물체의 질량에 반비례한다. 이를 '뉴턴의 운동 제2법칙' 또는 '가속도의 법칙'이라고 한다.

손의 힘은 벽돌의 속력을 빠르게 한다.

힘이 두 배가 되면 속력도 두 배가 된다.

두 배의 물체에 두 배의 힘을 가하면 속력은 같다.

질량이 일정할 때 가속도는 힘의 크기에 비례한다.

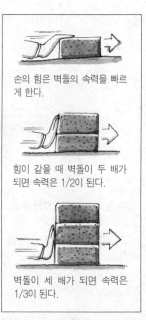

손의 힘은 벽돌의 속력을 빠르게 한다.

힘이 같을 때 벽돌이 두 배가 되면 속력은 1/2이 된다.

벽돌이 세 배가 되면 속력은 1/3이 된다.

힘의 크기가 일정할 때 가속도는 질량에 반비례한다.

이를 식으로 표시하면, 질량 m인 물체에 작용하는 힘이 F일 때 생기는 가속도를 a라고 할 때 $a=\dfrac{F}{m}$이며, 보기 좋은 모양으로 고치면 F=ma가 된다. 그렇기 때문에 신발과 나

사이에 주고받는 힘은 같지만 그로 인해 생기는 가속도는 질량이 작은 신발이 훨씬 크다.

신발이 내 손을 떠났을 때 물론 신발은 빠르게 움직이고 나는 천천히 움직인다. 만약 중력이 없다면 신발이나 나나

↑ 질량이 클수록 운동 상태를 변화시키기가 어렵다. 즉, 가속시키기가 어렵다.

속력의 변화 없이 똑바로 앞으로 나아가야 한다. 이것은 양쪽 물체에 작용하는 힘이 없으므로 운동 상태가 변할 수 없기 때문이다. 운동 상태가 조금이라도 변했다면 보이지 않는 힘이 있다는 뜻이다. 이렇게 어떤 물체에 힘이 작용하지 않는 한 그 물체의 운동 상태에 변함이 없는 것을 '뉴턴의 운동 제1법칙' 또는 '관성의 법칙' 이라고 한다.

관성의 법칙
자동차를 타고 갈 때 자동차가 정지해 있다가 갑자기 출발하면 뒤로 넘어지려 하고, 달리다가 갑자기 정지하면 앞으로 넘어지려 한다. 이것은 물체가 운동 상태를 계속 유지하려는 성질을 지니고 있기 때문인데, 이를 '관성' 이라 한다. 즉 어떤 물체에 외부로부터 아무런 힘이 작용하지 않으면 정지한 물체는 영원히 정지해 있고, 운동하는 물체는 영원히 등속 직선 운동을 계속하는데, 이를 '관성의 법칙' 이라고 한다.

┃ 관성의 법칙의 예 ┃

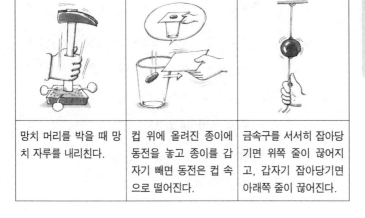

망치 머리를 박을 때 망치 자루를 내리친다.	컵 위에 올려진 종이에 동전을 놓고 종이를 갑자기 빼면 동전은 컵 속으로 떨어진다.	금속구를 서서히 잡아당기면 위쪽 줄이 끊어지고, 갑자기 잡아당기면 아래쪽 줄이 끊어진다.

모든 운동은 이 세 가지 운동 법칙에 의해 분석될 수 있다. 예를 들어 총을 쏘면 총알 뒤에 있는 화약이 터져 강력한 가스를 발생시키고 그 가스가 총알을 총구 밖으로 밀어내게 되는데, 가스가 총알을 미는 것과 같은 힘으로 총신도 뒤로 밀리게 된다. 이때 총알과 총신에 생기는 가속도는 각각의 질량에 반비례하며, 두 물체 사이에 작용하는 힘은 총알이 총구를 떠나는 순간까지이므로 총알이 총구를 떠나는 순간부터 어딘가에 부딪히기 전까지 총알은 등속 직선 운동을 해야 한다.

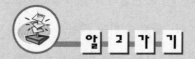

말과 마차의 문제

말이 마차를 끌면 마차도 같은 크기의 힘으로 말을 끌기 때문에 말이 마차를 움직일 수 없다는 것은 힘의 평형과 작용-반작용을 혼동한 결과이다. 마차가 움직이는 것은 말이 마차를 끄는 힘 때문이고, 말이 움직이는 것은 말이 땅을 밀었을 때(작용) 땅이 말을 밀기(반작용) 때문이다. 그러므로 말에 작용하는 힘은 마차가 말을 뒤로 끄는 힘과 땅이 말을 앞으로 미는 힘이다. 이 두 힘 중에서 땅이 말을 앞으로 미는 힘이 크기 때문에 말이 앞으로 나아갈 수 있는 것이다.

■ 다음 중 작용과 반작용의 관계인 것을 모두 고르면?

① 지구가 사과를 당기는 힘과 사과가 지구를 당기는 힘

② 물 위에 떠 있는 얼음의 무게와 얼음에 작용하는 부력

③ 내가 책상을 당기는 힘과 책상이 바닥으로부터 받는 마
찰력

④ 마찰한 책받침이 머리카락을 당기는 힘과 머리카락이
책받침을 당기는 힘

⑤ 전자석의 N극이 영구 자석의 S극을 당기는 힘과 영구
자석의 S극이 전자석의 N극을 당기는 힘

 정답 》》》①, ④, ⑤

| 해 설 | 한 물체에 작용하는 두 힘은 작용-반작용의 관
계에 있을 수 없다. 따라서 지구와 사과, 책받침과 머리카락,
자석의 두 극은 모두 상호 주고 받는 힘으로 방향은 반대이며
항상 크기가 같다.

그러나 내가 책상을 당기는 힘과 마찰력은 모두 책상이 받는
힘이므로 책상이 움직이지 않았다면 두 힘이 평형 상태에 있는
것이고, 책상이 움직였다면 평형 상태가 깨진 것으로 내 힘이
마찰력보다 큰 것이다. 또 물 위에 떠 있는 얼음의 무게와 부력
은 얼음에 작용하는 두 힘으로 합성하면 0이기 때문에 얼음이

떠 있게 된다.

■ 어린아이가 창문이 모두 닫힌 기차에서 수소기체가 든 고무풍선을 가지고 있다. 기차가 급정거했을 때 어린아이와 고무 풍선의 운동 방향은 어떻게 될까? 또 그 이유는 무엇인가?

| 해 설 | 기차가 갑자기 정지하면 그 안에 있는 사람은 앞으로 쏠린다. 이는 사람이 앞쪽으로 힘을 받기 때문이 아니라 기차와 사람이 같은 속력으로 달리다가 기차의 속력은 줄어드는데 사람은 관성에 의해 원래의 속력을 유지하려니까 상대적으로 사람이 기차보다 더 빨라져서 마치 앞쪽으로 힘이 작용하는 것처럼 보이는 것이다. 만약 기차 안이 진공이라면 풍선도 마찬가지겠지만 풍선은 기차 안에 있는 공기보다 관성이(밀도가) 작기 때문에 공기가 먼저 앞으로 쏠리므로 관성이 작은 풍선은 마치 중력에 의해 공기 중에서 위로 뜨는 것처럼 뒤로 밀리게 된다.

■ 지구에서 태양까지의 거리는 대략 1억5천만km이다. 지구는 1년에 태양을 한 바퀴씩 공전하므로 공전 궤도를 대략 원이라고 가정했을 때 지구의 공전 속력을 구할 수 있다. 즉 지구가 1년에 움직인 거리가 반경이 1억5천만km인 원주의

길이이므로 지구의 공전 속도는 대략,

$$v = \frac{2 \Pi r}{1년} \fallingdotseq \frac{9억\, km}{365 \times 24 \times 60 \times 60\, s} \fallingdotseq 30\, km/s \, \text{이다.}$$

총알의 속력이 대략 1km/s이고, 로켓의 속력이 대략 7~8km/s임을 생각할 때 지구의 공전 속도는 대단히 빠르다는 것을 알 수 있다.

이렇게 빠른 지구에 타고 있는 우리는 지구가 빠르다는 것을 왜 느끼지 못할까? 또 지구를 그렇게 빠른 속도로 움직이게 하는 동력은 무엇인가?

| 해 설 | 지구는 우주 공간을 이동한다. 우주 공간에는 공기가 없기 때문에 마찰도 없다. 그러므로 지구는 미끄러지듯이 움직이므로 그 위에 있는 우리는 지구가 움직이는지, 또 얼마나 빠르게 움직이는지 모른다. 잔잔한 호수 위를 미끄러지듯 움직이는 배 안에서 배가 움직이는지 정지해 있는지 모르는 것과 마찬가지 이치이다.

이와 같이 마찰이 없는 곳에서는 물체에 작용하는 힘이 없어도 일정한 속도를 유지할 수 있다. 따라서 지구를 공전시키는 동력은 필요가 없다. 태양의 인력은 지구의 운동 방향만 태양 주위로 끊임없이 바꾸는 역할을 할 뿐, 근본적으로 지구의 속력을 유지시키는 동력은 아니다. 만약 태양의 인력이 없다면 지구는 우주 공간을 다른 천체의 인력에 영향받기 전까지 등속

직선 운동할 것이다.

물론 지구가 처음 움직이기 시작할 때는 동력이 필요했을 것이다. 그러나 그것은 태초의 문제로서 별도로 생각해야 한다.

마찰력

읽기 전에

마찰력은 우주 전체로 보아서 상당히 특수한 상황에서만 발생한다. 우주에 존재하는 천체들은 마찰이 없는 공간을 운동하고, 원자나 분자들 역시 마찰이 없는 공간을 운동하고 있다. 유독 지구의 표면에 살고 있는 우리만 마찰을 일상적으로 받고 산다. 이 장에서는 마찰이 과연 우리에게 필요한지, 또 어떤 역할을 하는지 알아보고자 한다.

1. 우리와는 애증의 관계인 마찰력

어렸을 때부터 우리는 자연 현상을 일상 생활에서 관찰하여 자기 나름대로의 논리에 의해 무의식적으로 해석을 한다. 그 결과 마찰이 눈에 보이지 않기 때문에 모든 물체는 움직이는 동력이 없어지면 움직임을 멈추는 것으로 이해하게 된다. 예를 들어 흔들어 놓은 진자는 점점 진동의 폭이 줄어 결국은 서게 되는데, 우리는 그 진자에 작용하는 공기의 마찰이 보이지 않으므로 진자에 작용하는 동력이 없으니까 당연히 서는 것이라고 해석한다.

마찰이 전혀 없는 곳이라면 한번 흔들어 놓은 진자는 진폭이 줄지 않는다. 만약 조금이라도 진폭이 줄어든다면 그만큼 눈에 보이지 않는 마찰이 작용한다는 뜻이다. 마찰이 없다면 청소가 끝나고 집에 갈 때 진자를 흔들어 놓고 가면 다음날 아침에도 진자가 서 있지 않고 계속 흔들리고 있어야 한다.

또다른 예를 들어 보자. 책상에서 굴러 떨어진 공은 통통 튀다가 결국은 바닥에 정지한다. 이것도 우리는 얼핏 공에 동력이 없으므로 당연히 서는 것이라고 생각한다. 그러나 마찰이 없는 세계에서는 바닥으로 자연히 떨어진 공은 반드시 처음 떨어지기 시작했던 높이까지 올라와야 한다. 그 높이보다 적게 올라왔다면 그만큼 마찰이 있다는 표시이다.

2. 에너지 뻥튀기 세상?

만약 공이 처음 튀었던 것보다 더 많이 올라온다면 그것은 그 공을 처음 튀길 때 자연스럽게 놓은 것이 아니라 밑으로 약간의 힘을 주었기 때문이다. 공을 자연스럽게 놓지 않고 밑으로 힘을 주어 던지면 마찰이 있더라도 얼마든지 원래 위치보다 많이 올라올 수 있다.

자연스럽게 놓았는데도 원래의 위치보다 더 높이 올라오는 공이 있다면 재미있는 현상이 일어날 것이다. 살짝 떨어진 공이 한 번 튀겨서는 더 높이 올라가고 다음번에는 더 높이 올라가고 그 다음번에는 또 더 높이 올라가서 나중에는 교실 유리창을 깨고 밖으로 튀어나갈 것이다. 그러한 공들은 조금만 움직여 주면 자꾸 운동이 빨라져서 세상에는 온통 운동하는 공들 천지로 변할 것이다.

이런 세계에서는 에너지 걱정을 조금도 할 필요가 없다. 이 것은 마치 다 태운 연탄이 새 연탄보다 화력이 좋고 두 번 때 고 난 연탄은 더욱 화력이 좋아서, 연탄 한 장만 있으면 평생 을 사용하고도 처음보다 더 좋은 연탄이 된다는 것이므로 에 너지를 주체할 수 없게 된다는 뜻이다. 때면 땔수록 화력이 좋아지는 연탄이 있는 세상에서 에너지 걱정을 할 필요는 없 을 것이다.

그런데 우리가 사는 세상은 그런 세상이 아니다. 마찰 때문 에 떨어진 공이 떨어뜨렸던 위치보다도 항상 적게 올라오는 세상이다. 떨어지면서 눈에 보이지 않는 공기와의 마찰, 부딪 칠 때 나는 소리, 부딪칠 때의 마찰……. 이러한 것들이 모두 공의 속도를 줄게 한다. 마찰이 없는 세계에서 튀는 공은 소 리도 나지 않는다. 소리도 에너지이기 때문에 소리가 난다는 것은 소리나는 만큼의 에너지가 없어진다는 뜻이므로 마찰이 있는 것이다.

그렇다면 요란한 소리가 나는 기계는 마찰이 많다는 증거 이다. 그럴 때 기름을 쳐주면 마찰이 줄어들기 때문에 기계가 돌아가는 소리가 작아진다. 마찰이 없는 곳에서는 공이 튀는 소리는 물론 바닥이 울리는 소리도 없어야 한다. 만약 그로 인하여 조금이라도 소리가 난다면 그 공의 속도는 조금씩 느 려질 것이고 결국은 정지하게 된다.

자동차 타이어가 쉽게 마모되는 이유도 자동차 타이어가

지면과 접촉하면서 브레이크를 밟을 때마다 지면과의 마찰이 커지기 때문이다. 그래서 브레이크를 많이 사용하는 차의 타이어는 쉽게 마모되고, 브레이크를 적게 사용하는 차의 타이어는 잘 마모되지 않는다.

기계에 기름을 치지 않으면 마찰이 크기 때문에 기계는 쉽게 마모된다. 그러나 기계에 기름을 자주 쳐서 마찰을 줄여주면 기계의 수명이 훨씬 길어진다. 어떤 물체가 닳아 없어진다는 것은 마찰이 있기 때문이며, 마찰이 클수록 빨리 마모되고 마찰이 적을수록 마모의 속도가 느리다. 반면 마찰이 없는 세계에서는 마모가 있을 수 없다.

물이 바위 위를 흘러가는 것을 살펴보면 마찰이 없는 것처럼 부드럽게 지나가지만 몇십 년이 지나면 그 바위가 패이는 것으로 보아 물과 바위 사이에도 마찰이 있다는 것을 알 수 있다.

우리가 살고 있는 세계는 공기가 있기 때문에 물체가 움직이기 위해서는 공기와 부딪치지 않고는 불가능하며, 항상 지구의 중력을 받아 지면을 누르고 있으므로 바닥에 놓여 있는 어떤 물체를 밀 때 바닥과의 마찰을 피할 수 없다.

깜짝과학상식

┃ 누가 처음으로 자동차를 만들었을까?

가솔린 엔진을 달고 달린 최초의 자동차는 1885년 독일인 벤츠(Benz)가 만든 3바퀴식 자동차이다. 다임러(Daimler)는 1887년 4바퀴식 자동차를 만들었다. 그러나 이 자동차들은 아직 마차와 모양이 비슷해서, 마차의 말이 차 내에 내장된 모터로 대체된 듯한 모습이었다. 프랑스인 판하르(Panhard)와 라바세(Lavasser)가 오늘날의 자동차 모습에 가까운 자동차를 최초로 만들었다.

3. 거대 공간과 미시 세계는 진공

우리가 살고 있는 지구는 거대한 우주의 태양계 안에서 세 번째의 행성이다. 공기는 지구의 표면을 얇게 둘러싸고 있는 기체이며, 우리는 그 속을 떠나서는 한순간도 살 수가 없고 그 속을 떠나 본 사람도 거의 없다. 이렇게 우리는 더 넓은 우주가 아닌, 지구 표면이라는 지극히 특수한 장소에 살고 있는 것이다.

시야를 한번 극미의 세계로 돌려보자. 생물은 세포로 만들어졌고 그 세포들은 또 분자로 만들어졌다. 분자들은 몇 가지의 원자가 결합함으로써 만들어지며, 원자는 양성자·중성자·전자 등과 같은 소립자로 만들어진다. 그러면 소립자들 사이에, 원자들 사이에, 또는 분자와 분자들 사이에도 공기가 있을까?

공기 자체가 분자로 만들어졌으므로 분자 사이에 공기가 있다는 말은 교실 안에 학교가 있다고 하는 것처럼 논리적으로 모순이다. 그러한 미시의 세계에 있는 입자들 사이에는 아무것도 있을 수 없는 진공(진짜 공간)인 것이다.

➔ 마찰 없이 움직이는 소립자의 궤적

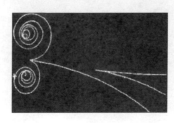

달이나 지구, 그리고 하늘에 있는 수많은 별들도 마찰이 없는 상태에서 움직이므로 동력이 없어도 태초에서 지금까지 쉬지 않고 운동할 수 있는 것이다.

그러한 상황은 분자나 원자도 마찬가지여서 분자나 원자들은 가만히 있는 것이 아니라 끊임없이 무질서하게 운동을 계속한다. 온도가 높은 것은 심하게 운동하고 온도가 낮은 것은 좀 천천히 운동하지만 모든 물체의 온도는 적어도 영하 273℃보다는 높으므로 가만히 있는 분자나 원자는 하나도 없다. 이렇게 꾸준히 입자들이 운동할 수 있는 것도 결국은 마찰이 없는 세계에 존재하기 때문이다.

뉴턴의 운동법칙은 마찰이 없는 세계를 가정했을 때만 성립하는 것이므로, 이를 이해하기 위해서는 우선 마찰이 없는 세계가 어떠할 것인가 하는 것부터 생각해 봐야 한다.

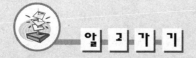

알 고 가 기

미끄럼마찰력과 구름마찰력

같은 종류의 재질에서도 물체의 운동 상태에 따라 작용하는 마찰력을 서로 다르게 부른다. '미끄럼마찰력'은 물체가 미끄러질 때 작용하는 마찰력이며, '구름마찰력'은 굴러갈 때 작용하는 마찰력이다.

또 다른 종류로 '정지마찰력'이 있는데 이는 물체가 정지 상태에서 작용하는 마찰력이다. 정지마찰력은 그 크기가 변하며 0부터 '최대크기' 사이의 값을 갖는데, 최대크기를 최대정지마찰력이라 부른다. 마찰력의 크기는 대체로 최대정지마찰력〉미끄럼마찰력〉구름마찰력 순이다.

마찰력 지뢰밭

어떤 스포츠든 안전 사고는 있게 마련이다. 그 중 수영장에서 일어나는 안전 사고의 대부분은 바로 물 때문이다. 물의 깊이를 어림하지 못하고 깊은 곳에 가 헤엄을 치거나 얕은 곳에서 다이빙을 해 사고가 나는 경우도 많지만, 수영장 바닥에서 미끄러져 다치는 경우도 흔하다.

그렇다면 다른 곳과 달리 수영장에서 쉽게 넘어지는 이유는 무엇일까. 바로 물이 지면과의 마찰을 줄여주기 때문이다.

마찰력 하면 흔히 자동차 타이어가 마모되고, 자동차 엔진 동력의 약 20%가 내부 마찰력으로 소모되는 것 등을 떠올릴 수 있다. 마찰력은 물체가 서로 접촉하여 운동할 때 그 접촉면 사이에 작용하는 힘으로 운동 방향과 반대 방향으로 작용한다. 마찰력에는 여러 종류가 있지만 모든 마찰력은 운동을 방해하는 작용을 한다. 지구 주위를 도는 인공위성들도 희박하지만 대기와의 마찰 때문에 점차 속력을 잃고 지구를 향해 떨어진다.

하지만 마찰력이 우리 생활에 불편을 주는 것만은 아니다. 땅을 걸어다닐 수 있는 것, 자동차나 자전거를 타고 다닐 수 있는 것, 종이 위에 연필로 글씨를 쓸 수 있는 것, 달리는 자동차를 브레이크로 멈출 수 있는 것, 벽에 못을 박을 수 있는 것 등이 모두 마찰력 때문에 가능하다.

마찰력은 접촉하는 물질의 종류에 따라 다르다. 예를 들어 콘크리트와 고무타이어 사이의 마찰력이 강철과 강철 사이의 마찰력보다 크기 때문에 도로의 중앙 분리대는 강철로 만들지 않고 콘크리트로 만든다.

생각할 문제

운동의 제2법칙에 의하면, 힘이란 물체의 운동 상태를 변화시키는 원인이다. 즉 물체에 작용하는 힘은 운동 상태의 변화(가속도)와 그 물체의 질량에 비례한다. 그러면 힘의 단위는 어떠해야 하는지 생각해 보자.

| 해 설 | 힘의 단위는 N(뉴턴)인데 1N의 힘이란 1kg에 작용하여 1m/s²의 가속도를 내는 힘을 말한다. 따라서 2N의 힘이 1kg에 작용하면 2m/s²의 가속도를 만든다. 질량 m(kg)이 작용하여 a(m/s²)의 가속도를 내게 하였다면 그 물체에 작용한 힘은 ma(kg · m/s²)라고 할 수 있으며, 우리는 kg · m/s²을 뉴턴이라고 한다.

1g에 작용하여 1cm/s²의 가속도를 내게 하는 힘을 dyne(다인)이라고 하는데 뉴턴보다 10만 배가 작은 단위이다.

우리가 보통 일상 생활에서 쓰는 힘의 단위는 kg중으로, 1kg중이란 질량 1kg을 지구가 당기는 힘이다. 질량이 1kg인 물체를 자유낙하시키면 지구의 인력을 받아 가속도 운동을 하는데 그 가속도의 크기를 재면 위치에 따라 약간의 차이가 있지만 대략 9.8m/s²이 된다. 따라서 질량이 1kg인 물체를 지구가 당기는 힘의 크기는 9.8N이라는 것을 알 수 있다.

T·H·E·M·E **3**

자유낙하운동

읽기 전에

갈릴레이가 실험으로 확인하였듯이,
지구의 중력만을 고려한다면 가벼운
물체나 무거운 물체나 동시에 떨어져
야 한다. 하지만 공기 저항에 의한 마
찰력 때문에 실제 결과는 이와 다르게
나타난다.

떨어지는 낙엽, 야구공과 총알의 운동,
로켓의 운동까지 우리가 살고 있는 곳
에는 어디든지 중력이 작용하고 있으
므로 우리 주변에서 움직이는 모든 물
체는 중력의 영향을 받는다. 이 장에서
는 중력을 받으면서 떨어지는 물체의
운동에 대하여 알아보자.

1. 무거울수록 왜 빨리 떨어질까?

갈릴레이
(Galileo Galilei,
1564~1642)
이탈리아의 물리학
자·천문학자. 물체의
낙하법칙을 발견하고,
굴절 망원경을 만들어
목성의 위성 및 태양
흑점을 발견하였으며,
코페르니쿠스의 지동
설을 지지했기 때문에
교권(教權)의 박해를
받아 만년에 유폐 생
활을 보냈다.

신과학대화
종교 재판으로 연금
상태에 있던 갈릴레이
가 1636년에 완성한
책. 과학자와 아리스
토텔레스 체계에 정통
한 철학자 및 베네치
아 시민 이 세 사람에
의한 6일 간에 걸친 대
화의 형식을 통해서,
재료의 강약과 음
(音)·진자(振子)·자
유낙체(自由落體) 등
새로운 과학적 사실들
을 평이하게 기술하였
다. 과학 사상 최고의
고전 중의 하나이다.

옥상에서 물체를 가만히 놓았을 때 그 물체는 중력을 받아 아래로 낙하하게 되는데 이를 자유낙하운동이라고 한다.

자유낙하시 가장 문제가 되는 것은 물체의 무게가 그 물체가 떨어지는 데 걸리는 시간과 어떠한 관계가 있는가 하는 것이다. 직관적으로 판단하면 무거울수록 빨리 떨어지는 것처럼 느껴진다. 돌멩이를 자유낙하시키면 순식간에 떨어지지만 깃털처럼 가벼운 것은 펄럭이면서 느리게 떨어지기 때문에 우리의 직관은 무거울수록 빨리 떨어질 것이라는 무의식적인 결론을 내리게 되는 것이다. 고대의 철학자인 아리스토텔레스도 무거운 물체일수록 빨리 떨어진다고 주장했다.

그러나 갈릴레이의 생각은 달랐다. 그는 무게에 관계 없이 같은 속도로 낙하한다는 자기 학설의 정당함을 설명하기 위해《신과학대화》에서 다음과 같은 논리를 펴고 있다.

➜ 갈릴레이가 쓴 여러가
지 저술. 그는 말년에 눈
이 멀어 아들에게 구술시
켜 《신과학대화》를 완성
시켰다.

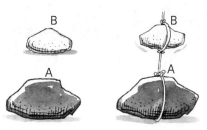

◀ 갈릴레이가 공기를 뺀 진공 속에서 쇳덩이와 나뭇잎을 떨어뜨렸다면 두 물체는 동시에 땅에 떨어졌을 것이다.

갈릴레이는 '무거운 물체일수록 빨리 떨어진다.'는 아리스토텔레스의 학설을 비판하면서 다음과 같은 사고실험(思考實驗)을 제시했다.

"지금 10이라는 속력으로 낙하하는 무거운 돌 A와 5라는 속력으로 낙하하는 가벼운 돌 B가 자유낙하하고 있다고 하자. 아리스토텔레스의 학설이 옳다면 A가 B보다 먼저 떨어질 것이다. 이제 두 돌을 하나로 묶어 낙하시키면 더 무거워졌으므로 15라는 속력으로 떨어져야 한다.

그러나 가벼운 돌 B는 5라는 속력으로 낙하하므로 큰 돌의 속력을 끈을 통해 뒤로 당겨 저지하는 노릇을 할지언정 큰 돌의 속력을 더 빠르게 할 수는 없을 것이다. 따라서 하나가 된 물체의 속력은 7.5가 되어야 한다.

위 두 해석이 모두 가능하면서 결과가 서로 모순이 되는 것은 물체가 무거울수록 빨리 떨어진다는 전제가 잘못된 것이다."

그러므로 모든 물체는 무게에 상관없이 동시에 떨어져야 한다. 이를 이론적으로 설명하면 다음과 같다.

➜ 물체의 가속도는 물체에 작용하는 힘에 비례하고 질량에 반비례하므로 질량이 다른 물체라도 가속도의 크기는 같다.

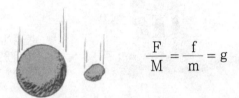

$$\frac{F}{M} = \frac{f}{m} = g$$

지구가 당기는 힘은 물체의 질량에 비례하는데 가속도의 크기는 질량에 반비례하므로 질량으로 인한 효과는 상쇄된다. 그래서 모든 물체의 가속도는 같게 되며, 이 값을 중력가속도라 하고 그 크기는 약 $9.8m/s^2$이다.

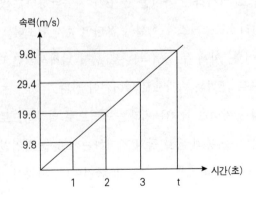

낙하할 때의 가속도가 9.8m/s²이므로 자유낙하 1초 후에는 속력이 9.8m/s이며, 2초 후에는 19.6m/s, 3초 후에는 29.4m/s…… 해서 t초 후에는 9.8t가 된다.

또 1초 동안 낙하한 거리는 1초 동안의 평균속도 4.9×1＝4.9이고 2초 동안의 낙하거리는 평균속도 9.8×2＝19.6, 3초에는 14.7×3＝44.1…… 해서 t초 후에는 평균 속도 4.9t×t＝4.9t²이다.

다리 위에서 떨어뜨린 돌이 2초 만에 물에 들어갔다면 다리의 높이는 19.6m라고 할 수 있다. 물론 이 같은 계산은 공기의 저항을 무시했을 경우이다.

그러면 가벼운 깃털과 동전을 동시에 떨어뜨렸을 때 동전이 먼저 떨어지는 현상은 어떻게 설명할 수 있을까?

이 질문에 대한 해답은 공기의 저항에 있다. 그렇다고 동전은 안 받는 공기의 저항을 깃털만 받는다는 뜻이 아니라 공기의 저항에 대해서 깃털이 더 큰 영향을 받는다는 것이다. 극단적으로 웬만한 상승기류에 동전이 밀려 올라가는 경우는 없지만 깃털은 쉽게 올라간다.

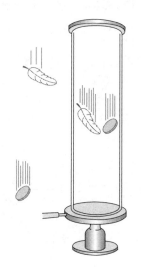

← 동전과 깃털에 작용하는 공기의 저항이 같더라도 동전이 깃털보다 더 무거우므로 동전에 작용하는 알짜힘이 깃털에 작용하는 알짜힘보다 크다.

공기의 저항이 없으면 동전과 깃털은 같은 속도로 떨어져야 하고, 이를 실험으로 증명하는 기구도 있다.

밀폐된 두 유리관에 동전과 깃털을 같이 넣고 하나는 진공 펌프로 공기를 모두 뽑아 진공 상태를 만든다. 이 두 개의 유리관을 갑자기 뒤집어 동시에 자유낙하시키면 공기가 있는 유리관 안에서는 동전이 먼저 떨어지지만 진공 속에서는 신기하게도 동전과 깃털이 동시에 떨어진다.

2. 공기의 저항이 작용할 때의 낙하운동

공기의 저항 때문에 낙하하는 물체의 속력이 무한정 증가하지는 않는다. 공기에 의한 마찰력은 속력에 따라 증가하며 무거운 물체는 속력의 제곱에, 가벼운 물체는 속력에 비례하여 마찰력이 커진다고 한다.

┃ 속도 - 시간의 그래프 ┃

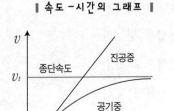

처음에는 물체에 작용하는 중력이 마찰력보다 커서 아래로 가속되지만 속력이 증가함에 따라 마찰력도 점점 커져서 중력과 같아지면 그 물체에 작용하는 알짜의 힘은 0이 된다. 그 때부터 물체는 등속으로 움직이게 되는데 이를 '종단속도'라 하며, 빗방울은 땅에 떨어지기 훨씬 전에 종단속도에 도달된다.

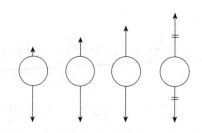

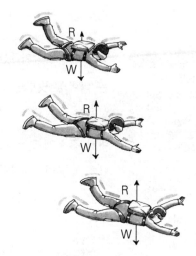

♠ 아래 방향의 화살표는 중력의 크기를 나타내며 그 크기는 일정하지만, 위쪽으로 향하는 공기의 저항력은 속력이 빨라질수록 커져서 빗방울에 작용하는 알짜힘은 점점 감소한다.

높이 2km의 구름에서 떨어지는 빗방울의 속력은 공기의 저항이 없다면 약 200m/s이어야 하지만 실제로는 50cm/s ~60cm/s의 속력으로 내려온다.

마찰력이 속력의 제곱에 비례한다고 가정하고 비례상수를 k, 아래쪽을 +방향으로 정하면 가속도 $a = g - kv^2$ 으로 표시된다. 시간이 지나면 속도가 커지고 따라서 마찰력도 커져서 가속도는 작아지고, 그 작아진 가속도가 앞서와는 다른 속도의 변화를 유발한다. 따라서 시간의 변화에 따른 속도의 변화를 한 번에 계산할 수가 없고 시간을 잘게 쪼개어 단계적으로 계산해야 한다.

만약 빗방울의 속력이 50cm/s에서 종단속도에 이르렀다면 그 속도에서 물체에 작용하는 알짜의 힘이 0이 된 것이므로 $g=kv^2$ 에서 $k=\dfrac{980\,cm}{(50\,cm/s)^2}\fallingdotseq 0.4s^2/cm$ 이다.

공기의 저항이 없다면 빗방울의 속도가 엄청나서 비닐우산은 더이상 빗방울을 막을 수가 없고, 큰 빗방울은 사람에게 심각한 상처를 줄 것이다. 더구나 작은 얼음덩어리인 우박이 내릴 경우에는 우박에 맞아 죽는 경우도 비일비재하게 일어날지 모른다. 다행히 공기의 마찰은 하늘에서 낙하하는 모든 물체의 속력이 어느 속력 이상으로 빨라지는 것을 막아준다.

종단속도에 영향을 미치는 요인으로는 물체의 크기와 모양도 들 수 있다. 스카이 다이버가 비행기에서 뛰어내리면 중력에 의해서 가속되다가 종단속도에 도달하게 되는데, 종단속도의 크기는 팔다리를 뻗고 있으면 180km/h 정도이지만 팔을 등 뒤로 돌리고 다리를 뻗어 머리를 아래로 꽂히는 자세를 취했을 때의 종단속도는 300km/h에 이른다.

시간차를 두고 떨어진 스카이 다이버들이 같은 높이에서

깜짝과학상식

▌빗방울의 크기는?
호우일 경우 물방울들의 크기는 7밀리미터 정도나 된다. 이와는 반대로 이슬비는 0.5밀리미터도 안 되는 물방울이 떨어진다. 이러한 종류의 이슬비가 내릴 경우 우리는 물방울들을 느낄 수는 없지만, 몸은 젖게 된다.

모여 묘기를 부릴 수 있는 것도 자세에 따라 종단속도가 달라지는 것을 이용한 것이다. 먼저 떨어진 사람은 팔다리를 펴서 종단속도를 작게 하고, 늦게 떨어진 사람은 팔다리를 모아서 종단속도를 크게 하면 늦게 떨어진 사람이 먼저 떨어진 사람과 만날 수 있다. 만약 공기의 저항이 없는 상태에서 낙하한다면 시간차를 두고 떨어진 두 사람은 도저히 만날 수가 없게 된다.

낙하산을 펼치면 공기의 저항이 더 커져서 종단속도는 훨씬 더 느린 30km/h 정도이다.

생각할 문제

■ 다음 □ 안에 들어갈 적당한 숫자는?

① 질량이 10kg인 물체를 지구가 당기는 힘은 □N이다.

② 지구에서 무게가 98N이면 그 물체의 질량은 □kg이다.

③ 지구가 물체를 당기는 힘은 그 물체의 □에 비례한다.

④ 질량이 10kg인 물체에 98N의 힘이 작용하면 □m/s^2 의 가속도 운동을 한다.

정답 》》① 98, ② 10, ③ 질량, ④ 9.8

| 해 설 | 지구가 당기는 만유인력은 두 물체의 질량에 비례하고 거리 제곱에 반비례한다. 따라서 질량이 클수록 지구

가 당기는 힘도 커지며 우리는 이것을 무게로 느낀다. 즉 무거운 것은 지구가 당기는 힘이 큰 것이고 가벼운 것은 지구가 당기는 힘이 작은 것이다. 질량 10kg을 지구가 당기는 힘을 10kgf라고 하며 이는 98N이다. 왜냐하면 10kg을 자유낙하 시키면 $9.8m/s^2$의 등가속도 운동하므로 이 물체에 작용하는 힘 F = ma에서 98N의 힘이 작용했다는 것을 알 수 있다. 물체에 작용하는 만유인력은 질량에 비례하지만 그 힘에 의한 가속도는 질량에 반비례하므로 결국 물체의 가속도는 질량에 관계없이 일정하고 그 값이 중력 가속도 $9.8m/s^2$이다.

■ 몸무게가 60kg중인 스카이 다이버가 비행기에서 뛰어내려 낙하산을 펴지 않고 등속으로 내려오고 있다. 이 경우 이 사람에 대한 물리적인 해석 중 옳은 것을 모두 고르면?

보기

① 운동 에너지는 일정하다.

② 위치 에너지는 일정하다.

③ 역학적 에너지는 일정하다.

④ 이 사람에게 작용하는 마찰력은 60kg중이다.

 정답 》》》① ④

| 해 설 | 등속으로 움직이는 물체의 운동 에너지는 변하지 않고, 고도가 낮아지는 물체의 위치 에너지는 점점 작아진

다. 운동 에너지와 위치 에너지의 합이 역학적 에너지이므로 운동 에너지는 일정하지만 위치 에너지가 작아지는 이 사람의 역학적 에너지 역시 작아진다. 이 경우 역학적 에너지 보존법칙이 성립되지 않는다. 역학적 에너지 보존법칙은 마찰이 없는 경우에만 성립하는데 이 사람에게는 마찰력이 사람의 무게만큼 작용한다. 그래야만 이 사람에게 작용하는 알짜의 힘이 0이고 등속운동할 수 있기 때문이다.

포물선운동

상식적으로 생각할 때 지상에서 물체의 운동은 잘 이해되지 않을 것이다. 그러나 포물선운동의 원리를 알면 그 실체를 간파할 수 있다.

이 장에서는 중력장에서 물체의 운동을 분석하는 데 있어 기본이 되는 자유낙하운동과 포물선운동에 대해 알아보자.

1. 1등 사수의 지름길, 포물선운동

→ 물체를 잡고 있다가 놓으면 물체는 지구가 끄는 힘에 의해 떨어진다. 떨어지는 물체의 가속도는 물체의 무게에 상관없이 일정한데, 이 때의 가속도를 중력 가속도(g)라 한다.

물체를 옆으로 던짐과 동시에 다른 물체를 자유낙하시킬 때 어느 물체가 먼저 땅에 떨어질 것인가? 옆으로 던진 물체는 옆으로 가려고 바쁘기 때문에 아래로만 떨어지는 물체보다 느리게 떨어질 것 같은 기분이 든다.

하지만 자연은 우리의 생각대로 움직이지 않는다. 옆으로 가는 것은 가는 것이고 아래로 떨어지는 것은 옆으로 가는 것과는 무관하게 떨어진다. 그래서 자유낙하하는 물체가 1m 떨어지면 옆으로 던진 물체는 옆으로 가면서 1m 아래로 떨어진다.

자유낙하 물체가 땅에 닿으면 옆으로 던진 물체도 역시 땅에 닿는다.

던진 위치에서 얼마만큼 멀리 가느냐 하는 것은 처음 얼마나 빠른 속력으로 던졌느냐에 달려 있다. 속력이 클 때는 멀리 가서 동시에 떨어질 것이고 속력이 작을 때는 가까이에서 동시에 떨어진다.

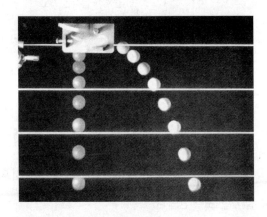

이를 정량적으로 분석하면 다음과 같다.

물체를 x방향으로 v라는 속력으로 던졌을 때, x방향으로는 등속직선 운동하고 y방향으로는 자유낙하하는데 그 두 방향이 서로 간섭 없이 독립적으로 진행된다.

따라서 t초 후에 x방향으로의 이동거리(x좌표)는 vt이며, y방향으로의 이동거리(y좌표)는 t초 간 자유낙하한 거리이므로 $-4.9t^2$이다.

(−)는 아래로 운동했다는 뜻이므로, x, y 사이의 관계를 구해보면 그 물체가 지나가는 자취(궤도 방정식)를 알수 있고, 이는 매개변수 t를 소거하면 된다.

$t = \dfrac{x}{v}$를 $y = -4.9t^2$에 대입하면 $y = -\dfrac{4.9}{v^2}x^2$이 된다.

이는 x에 관한 2차함수이므로 포물선이다.

➔ 수평 방향으로 v의 속력으로 던진 물체는 포물선 궤도를 그리며 날아간다.

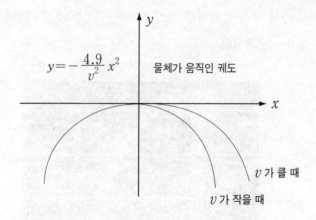

$$y = -\frac{4.9}{v^2}x^2$$

물체가 움직인 궤도

v가 클 때

v가 작을 때

또, 꼭지점은 원점이고 2차항의 계수가 음수인 것으로 보아 위로 볼록한 포물선이다.

v가 크면 2차항의 계수가 작아지고 뚱뚱한 포물선이 될 것이고, v가 작으면 2차항의 계수가 커져(사실은 절대값이), 홀쭉한 포물선이 된다.

장난꾸러기 남자 아이가 다리 위에서 오줌을 눌 때 오줌의 속도가 크면 그 오줌이 그리는 포물선이 뚱뚱한 형태로 되고, 속도가 작으면 바로 떨어지기 때문에 홀쭉한 포물선이 된다는 사실을 감안할 때 위에서는 이를 물리적으로 따져서 확인한 것이 된다.

┃ 초속도가 다른 물체의 운동 ┃

◀ 앞으로 나아가는 것은 초속도의 영향을 받지만 아래로 떨어지는 시간과 거리는 수평 방향의 초속도와 상관이 없다.

2. 포물선운동의 이해

등속으로 수평 비행하는 비행기를 타고 있는 사람이 바로 밑에 보이는 지면의 어느 지점을 겨냥하여 폭탄을 떨어뜨리고 그 폭탄의 운동을 비행기 안에서 관찰한다면 특이한 현상을 보게 될 것이다.

즉 물체는 비행기에서 떨어져 낙하하지만, 묘하게도 계속해서 비행기의 바로 아래에 있는 것이다. 그 이유는 관성 때문이다.

폭탄이 비행기 속에 있는 동안은 비행기와 함께 진행하고 있었는데 그것을 떨어뜨리게 되면 폭탄은 비행기에서 떨어져 낙하하면서도 낙하 전에 가지고 있던 속도를 계속 가지고 있기 때문에 낙하하면서 동시에 이전과 같은 방향으로 계속해서 전진한다. 이 수평 방향(전진 방향)과 수직 방향(낙하 방향)의 양방향 운동은 합성되어, 그 결과 물체는 언제나 비행기 아래에 있는 상태로 곡선을 따라 떨어지는 것이다. 폭탄은 수평으로 던져진 물체와 마찬가지로 날아간다. 즉 물체는 포물선 궤도를 그리며 날아가는 것이다.

➡ 앞으로 나가는 돛단 배의 꼭대기에서 떨어뜨린 물체는 바다에서 볼 때는 수평으로 던져진 물체와 같이 포물선 운동을 하지만 배에서 보면 자유낙하운동이다.

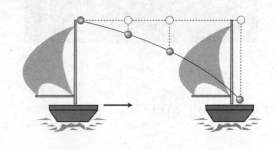

➡ 비행기에서 떨어뜨린 폭탄들의 수평 방향의 속도는 비행기와 같다.

사격을 할 때 총구와 목표점을 일직선으로 겨냥해서 방아쇠를 당겨도 명중하지 않는다. 총알이 날아오는 동안 중력에

의해 떨어지기 때문이다. 총알이 너무 빨라서 떨어지는 느낌이 들지 않는데, 이는 어디까지나 느낌일 뿐이다.

만약 총구에서 총알이 출발한 후 1초 만에 목표물에 도착했다면 총알은 원래 겨냥했던 곳보다 4.9m 아래로 빗나가 버린다. 1초 간 자유낙하한 거리가 4.9m이기 때문이다. 따라서 제대로 맞히기 위해서는 맞히려는 곳보다 위를 겨냥해야 한다. 총알이 1초 간 날아갈 거리라면 4.9m 위를 겨냥하고 총알이 2초 간 날아갈 거리라면 19.6m 위를 겨냥해야 한다.

총알의 속도가 대략 1km/s라면, 목표물이 1km 떨어진 곳에서는 4.9m 위를, 2km 떨어진 곳에서는 19.6m만큼 위를 겨냥해야 한다는 뜻이다.

이와 관련된 유명한 문제 중에 원숭이 문제라는 것이 있다. 원숭이를 잡으려는 사냥꾼이 나무에 매달려 있는 원숭이를 발견하고 정확하게 겨냥했다. 사냥꾼이 방아쇠를 당기는 순간 원숭이가 이를 발견하고 황급히 아래로 낙하하기 시작했다. 과연 이 원숭이의 운명은 어떻게 되었을까? 가만히 있으면 총알이 발 아래로 지나갈 수도 있었을 텐데 총알은 사냥꾼이 처음에 겨냥한 자리에 정확하게 명중하였다.

보통은 사냥꾼과 원숭이 사이의 거리가 짧아 순식간에 목표물에 도달되므로 떨어지는 효과가 크지 않아 가만히 있거나 내려오거나 총에 맞는 것은 마찬가지지만, 멀리 떨어져 있을 경우는 다르다. 가만히 있으면 총알이 발 밑으로 지나갈

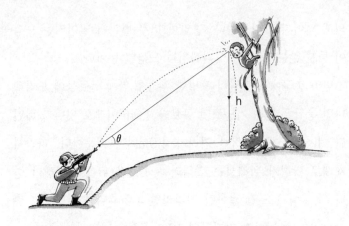

것도 원숭이가 손을 놓았기 때문에 총을 맞게 된다.

　물론 총알이 원숭이가 낙하한 지점까지 도달되지 못하면 원숭이를 맞힐 수 없겠지만, 원숭이가 떨어진 곳보다 멀리 도달되는 속도 범위에서는 어떠한 속도에서도 원숭이는 명중하게 된다. 만약 총알이 1초 동안 날아왔다면 원숭이는 4.9m 아래에서 명중하고, 총구를 떠난 2초 후에 명중했다면 그 지점은 원래 원숭이가 있던 위치보다 19.6m 아래다.

▶ 총알이 원래 궤도에서 중력 때문에 낙하한 거리는 원숭이가 자유 낙하한 거리와 같다.

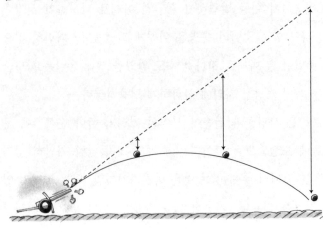

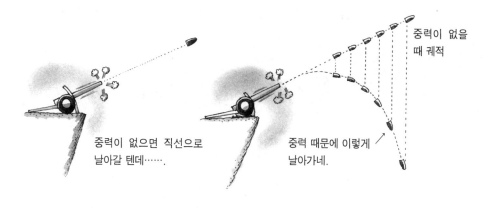

중력이 없을 때 궤적

중력이 없으면 직선으로 날아갈 텐데…….

중력 때문에 이렇게 날아가네.

포물선 운동에 대한 일반적인 풀이는 다음과 같다.

즉 수평면에 대하여 θ의 각과 v의 속력으로 던져진 물체가 있다고 하자. 이 물체는 x방향으로는 $v\cos\theta$의 속력으로 등속운동하고, y방향으로는 $v\sin\theta$의 속력으로 던져 올려진 운동을 한다. 이 두 방향의 운동이 서로 독립적이므로 t초 후에 x방향으로는 $v\cos\theta \cdot t$만큼 이동하고, y방향으로는 $v\sin\theta t - 4.9t^2$만큼 이동한다. 이 물체가 지나가는 자취의 방정식은 매개변수 t를 소거하여 얻어진다.

$t = \dfrac{x}{v\cos\theta}$를 $y = v\sin\theta t - 4.9t^2$에 대입해 보자.

$$y = x\tan\theta - \frac{4.9}{(v\cos\theta)^2}x^2$$

y가 x에 대한 2차함수이고 2차항의 계수가 음수이므로 역시 위로 볼록한 포물선이다. 그러나 꼭지점은 원점이 아니다. $y=0$이 되는 두 개의 x값을 찾으면 이 포물선이 x축을

끊는 점이 되며, 한 개는 던진 점(원점)이고 다른 한 개는 물체가 땅에 떨어진 점이 된다. 이를 구하면 다음과 같다.

$$x = \frac{v^2 \sin 2\theta}{g} \qquad g = 중력가속도 = 9.8\text{m/s}^2$$

멀리 던지기 경기는 도달거리 x를 크게 하는 게임이다. 도달거리 x를 크게 하기 위해서는 빠르게 던지거나(v를 크게), $\sin 2\theta$값을 크게 해야 하는데 $\sin 2\theta$는 제아무리 커보았자 1이므로 $\sin 2\theta = 1$을 만족하는 θ는 45°이다. 이것이 같은 속력으로 던져서 가장 멀리 나가게 하는 방법이다. 즉, 수평면과 45°의 각으로 던져야 가장 멀리 나아간다. 당연한 이야기지만 중력 가속도 g가 작을수록 도달거리가 길어진다. 그러므로 올림픽에서 투포환이나 멀리뛰기 등의 종목에서 좋은 기록이 나오려면, 다른 조건이 모두 같을 때 중력 가속도가 작은 적도 지방과 같이 위도가 낮은 지역에서 올림픽이 열리는 것이 유리하다.

➡ 45°일 때 가장 멀리 나가며, 15°와 75°, 30°와 60°에서 같은 장소에 떨어진다.

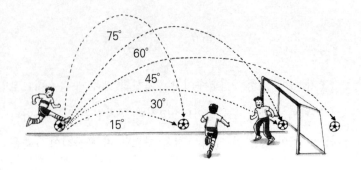

투수가 던진 공의 속력이 약 150km/h라고 할 때 이 선수가 45°의 각으로 던졌을 때 나가는 거리는 대략 170m가 넘는다.

그러나 이 모든 이론이 공기의 마찰을 무시했을 때이므로 실제로는 45°에서 가장 멀리 나가지 않는다. 올림픽의 창이나 원반 던지기에서 금메달을 따는 사람들의 던지는 각도를 분석하면 대략 39°에서 42° 사이라고 한다.

한편 2차 세계대전 때 전세가 불리해진 독일군이 파리 시내를 공격하기 위한 장거리포의 기록에 따르면 52°로 발사하는 것이 42°로 발사하는 것보다 훨씬 많이 나간다는 기록이 있다. 이는 10~12km 상공에 있다는 <u>제트기류</u> 때문인 것으로 밝혀졌다. 즉 52° 이상으로 발사해야만 폭탄이 제트기류를 탈 수 있는 고도가 되고, 일단 그 기류를 타게 되면 포물선 운동과는 다른 운동으로 상당히 멀리까지 가는 것이 가능하다는 것이다.

제트기류
대기를 거의 수평한 축으로 흐르는 강풍대(强風帶). 최대 풍속은 매초 100m를 넘는 일도 있다. 때로, 지표 수km의 높이에서 집중 호우의 한 원인으로 생각되는 하층 제트기류, 온대 저기압족의 하나인 전선 제트기류, 아열대 고기압 상공을 흐르는 아열대 제트기류, 그 밖에 국지 제트기류 등 여러 종류가 있다.

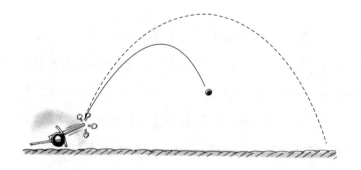

◀ 공기와의 마찰 때문에 실제 포탄의 궤도는 포물선이 아니다.

■ 고도 500m에서 900km/시의 속력으로 수평으로 날고 있는 비행기에서 지상을 폭격한다고 할 때 목표물에서 얼마만큼 떨어진 곳에서 폭탄을 낙하해야 하는가? 마찰은 무시하고 중력가속도는 $10m/s^2$으로 한다.

| 해 설 | 500m를 자유낙하하는 데 걸리는 시간은 $5t^2 = 500$에서 약 10이다. 그 10초 간 수평방향으로 등속운동하므로 떨어지는 사이에 움직이는 거리는 900km/3600s × 10s, 즉 약 2.5km 전방에서 폭탄을 낙하해야 한다.

■ 럭비선수가 럭비공을 공중으로 찬 후에 앞으로 50m를 달려가 자기가 찬 공을 6초 만에 다시 잡았다. 공은 최대 몇 미터까지 올라갔을까? 또 공을 찬 각도는 수평면에 대해서 몇 도이겠는가?

| 해 설 | 올라가는 데 3초가 걸리고 내려오는 데 3초가 걸렸다. 최고점에서 3초 간 자유낙하하는 물체와 럭비공은 같은 높이만큼 올라갔을 것이므로 3초 간 자유낙하한 거리가 최고점의 높이가 된다. 따라서 $5t^2$에 3을 대입하면 45m가 된다.
  또 수평방향으로 6초 만에 50m를 갔고 등속운동하므로 수평

방향의 속력은 50/6(m/s)이다. 수직방향의 처음 속력은 3초
간 자유낙하한 후의 속력과 같아야 하므로 약 30m/s이다. 따라
서 수평방향과 이루는 각을 θ라고 할 때 $\tan\theta=3.6$이고 이 값을
삼각함수표에서 찾으면 약 75도가 된다.

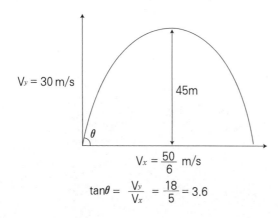

$$\tan\theta = \frac{V_y}{V_x} = \frac{18}{5} = 3.6$$

무중력 상태란

읽기 전에

중력이 없는 것이 아니라 중력이 없는 것처럼 보이는 것이 무중력 상태다. 〈아폴로 13〉이란 영화에서도 나오듯이 중력을 느낄 수 없는 우주선 내에서는 지상에서와는 다른 현상이 발생한다. 이 장에서는 어떻게 무중력 상태가 생기는지, 그리고 무중력 상태에서는 어떤 일이 일어나는지 알아보자.

1. 진공 상태는 무중력 상태인가

무중력 상태를 중력이 없는 상태라고 오해하기 쉽다. 의식이 없는 상태를 '무의식'이라 하고, 책임이 없는 사람을 '무책임하다'라고 한다 하여, 같은 맥락으로 무중력 상태를 중력이 없는 상태라고 생각하면 안 된다.

중력은 만유인력의 결과이며, 만유인력은 모든 물체 사이에 당기는 힘이다. 그 힘의 크기는 두 물체 사이의 질량에 비례하고 두 물체 사이의 거리 제곱에 반비례한다. 따라서 중력이라는 것은 어디에서 갑자기 없어지는 것이 아니라 이론상 우주 전체에 작용하고 있다.

물론 거리가 멀어지면 힘이 상당히 약해지지만 한쪽에서 멀어진다면 다른 쪽에 가까워질 것이므로 그 모든 천체에 의해서 받는 만유인력을, 방향까지 고려해서 모두 더했을 때 작용하는 힘이 상쇄되기에는 확률적으로 상당히 희박하다고 보아야 한다.

예를 들어 지구와 달의 중간에 있는 물체는 달보다 지구에서 당기는 힘이 더 크지만 달 쪽으로 더 가까이 가면 지구와 달이 그 물체를 당기는 힘이 같아지는 지점이 있을 것이고 그곳에 있는 물체는 무중력 상태에 있다고 생각하기 쉽다. 그러나 이 우주에는 지구와 달만이 있는 것이 아니다. 태양, 목성, 화성, 토성 등 수천 수억의 별들이 있기 때문에 이 모든

깜짝 과학 상식

▌처음으로 로켓을 쏜 사람은 누구일까?
이미 1,000년 전에 중국인들은 불꽃 놀이 기구와 전쟁 무기로 로켓을 사용하였다. 1232년 중국인들은 몽고인들에게 로켓으로 된 활을 쏘았다. 이때 로켓의 추진제로 화약이 쓰였다.
우주 로켓의 전신인 최초의 현대적인 로켓은 1942년 독일군이 영국을 목표로 발사한 것이다. 독일군의 지도부는 이 놀라운 무기가 연합군에 대한 최종 승리를 가져다줄 것으로 기대했었다. 로켓 제조자인 브라운(Wernher von Braun)은 독일 패망 이후 미국으로 건너가 우주 로켓을 만들었다.

천체들의 중력도 고려해야 한다.

또한 대기권 밖은 무중력 상태라고 생각하는 학생이 상당히 많다. 대기권 밖은 공기가 없고 따라서 중력도 없다는 것이다.

하지만 대기권이라는 것은 국경선처럼 확실히 구분되는 것이 아니다. 공기는 위로 올라갈수록 희박해져서 없어지는 줄도 모르게 없어지는 것이지, 어느 특정한 고도 이상의 공간을 지칭하지는 않는다.

공기가 없는 상태를 진공 상태라고 하는데 진공 상태가 된다고 하여 자동으로 무중력 상태가 되는 것은 아니다. 유리관 속에 깃털과 동전을 같이 넣고 밀폐시킨 다음 공기를 빼서 유리관을 진공으로 만든다고 해서 유리관 속에 작용하는 지구의 중력이 없어지는 것이 아니라는 것은 그 유리관을 거꾸로 들어 동전과 깃털이 낙하하는 모습을 보면 알 수 있다. 유리관을 진공으로 하면 공기의 마찰이 없기 때문에 공기를 빼기 전보다 더 빨리 떨어질 것이다. 재미있는 사실은 동전과 깃털이 같은 속도로 떨어진다는 것이다. 즉 공기의 마찰이 없어졌기 때문에 질량에 관계없이 같은 가속도로 떨어지는 것을 확인할 수 있다.

2. 무중력 상태의 진정한 의미

무중력 상태라는 것은 중력이 없는 상태가 아니라 중력이 없는 것처럼 보이는 상태를 말한다. 엘리베이터의 줄이 끊어졌을 때 엘리베이터 안의 상태가 그와 같은 상태이다. 엘리베이터의 줄이 끊어지면 엘리베이터와 그 안에 있는 사람, 그 사람이 들고 있는 물컵 등 모두가 자유낙하를 한다. 질량에 관계없이 모든 물체는 같은 가속도를 가져야 하므로 엘리베이터를 포함하여 모든 물체가 평행 이동하듯이 땅으로 떨어진다.

따라서 그 안에 있는 사람이 들고 있던 동전을 떨어뜨리더라도 동전이 엘리베이터 바닥으로 떨어지지는 않을 것이다. 왜냐하면 동전이 1m 떨어지면 엘리베이터도 1m 떨어지기 때문에 엘리베이터 바닥과 동전 사이의 거리는 좁혀지지 않는다.

그와 같은 상황을 엘리베이터 안에 있는 사람이 보면 마치 중력이 없어져서 동전이 공간에 둥둥 떠 있는 것이라고 판단할 것이다. 이 때 들고 있던 물컵이 엎어져도 물이 엘리베이터 바닥으로 쏟아지지 않고 컵을 위쪽으로 뽑으면 물덩이가 공중에 그냥 떠 있을 것이다. 왜냐하면 물이 1m 떨어지면 엘리베이터도 1m 떨어질 것이기 때문에 엘리베이터 바닥과 물 사이의 거리는 항상 일정할 수밖에 없다.

만약 엘리베이터 안에 체중계가 있어서 사람이 체중계 위에 올라가 있다고 가정한다면 체중계는 0을 가리킬 것이다. 체중계와 사람이 자유낙하하는 상황에서 사람이 체중계를 누를 수 없기 때문이다. 즉 체중계를 빌딩 옥상으로 가지고 올라가 체중계를 발밑에 댄 다음 옥상에서 체중계와 함께 펄쩍 뛰어 자유낙하를 한 후 자기 체중을 재면 체중은 0이 될 것이다. 내가 체중계를 누를 수 있으려면 체중계보다 내가 더 빨리 떨어져야 가능한데 모든 물체는 질량에 관계없이 같이 떨어지기 때문에 어떤 것이 다른 어느 것을 누를 수 없는 것이다.

▌줄이 끊어진 엘리베이터 ▌

◀ 줄이 끊어진 엘리베이터 안에서는 체중계의 눈금이 항상 0을 가리킨다.

따라서 줄이 끊어진 엘리베이터 속에 있는 사람은 그 순간 중력이 없어진 것과 같은 상태, 즉 무중력 상태를 경험하게 된다. 그러나 아무리 높은 건물에서 엘리베이터가 낙하한다고 해도 10초 이상 무중력 상태를 지속하기는 어렵다. 높이가 200m 되는 높이의 건물에서 자유낙하를 할 경우 땅에 떨어질 때까지의 시간은 대략 7초 정도밖에 걸리지 않는다. 그러므로 무중력 상태를 10초 이상 경험하면 살아날 가능성이 거의 없다. 더구나 무중력 상태는 별로 기분 좋은 상태가 아니다. 우리가 탄 버스가 갑자기 급한 경사길로 내려갈 때 엉덩이 근처의 느낌이 이상해지는 것을 경험할 수 있는데, 그런 느낌의 연속이 바로 우리가 무중력 상태에서 느끼는 기분일 것이다.

← 무중력 상태의 경험

역학의 창시자인 갈릴레오 갈릴레이는 이미 17세기에 이렇게 설명하고 있다.

"……우리가 어깨에 짊어진 짐의 낙하를 막으려고 하면 어깨에 하중을 느끼게 된다. 그러나 만약 우리가 어깨에 짊어진 짐과 같은 속도로 아래로 떨어진다면 그 짐이 우리를 눌러 하중을 느끼게 할 수 있을까? 이것은 당신이 달리는 것과 같은 속도로 당신 앞을 도망쳐가는 사람을 창으로 찌르려는 것과 아주 흡사한 현상이다……"

3. 비행기와 인공위성의 차이

그러면 우주인들은 어떻게 무중력 상태를 오래 경험하고도 무사할 수 있는가? 또 인공위성 안은 왜 무중력 상태인가?

이와 같은 문제를 풀기 위해서는 근본적으로 비행기와 인공위성에 어떤 차이가 있는지를 알아보아야 한다. 물론 엔진이라든가 연료 · 가격 · 비행 고도 · 비행 속도 등의 차이가 있지만 근본적인 차이는 엔진이 정지했을 때 추락하여 땅에 떨어지느냐의 여부이다. 즉 엔진이 정지했을 때 떨어지면 비행기이고 떨어지지 않고 계속 비행할 수 있으면 인공위성이다. 상공을 나는 비행체라고 해서 엔진이 꺼질 때 반드시 추락하는 것은 아니다. 그것은 지구가 둥글기 때문인데 뉴턴은 아래 그림을 이용하여 설명했다.

A와 B처럼 속력이 작으면 결국은 떨어지지만 C와 같이 일정 속도 이상의 속도를 갖는 상태에서는 엔진이 정지해도 땅으로 떨어지지 않는데 이런 것을 인공위성이라고 한다. 우리나라도 '우리별 1호'라는 인공위성을 가지고 있다.

D와 같은 경우는 속력이 어느 속도(탈출 속도) 이상 되었을 때, 시간이 지남에 따라 땅으로부터 멀어져 결국 지구를 떠나 다른 천체의 인력권으로 들어가든가 혹은 영원히 우주 속을 비행하게 된다. 우주에는 마찰이 없으므로 우주선의 엔진이 정지하더라도 역학적 에너지는 항상 보존된다.

우리별 1호

영국 서리대학의 기술 지원하에 한국과학기술원(KAIST) 인공위성연구센터와 한국항공우주연구소에서 파견된 유학생들과 연구원들에 의해 영국에서 제작되었다.

1992년 8월 11일 남아메리카의 기아나 쿠루기지에서 미국의 해양관측위성인 토펙스(TOPEX) 위성의 보조위성으로 프랑스의 보조위성 S80/T와 함께 아리안 V52 발사체에 의해 고도 1,300km, 궤도 경사각 66.042°의 우주궤도상에 올려졌다.

무게 48.6kg, 크기 35.2×35.6×67cm인 이 실험위성은 지구표면 사진촬영실험, 우리말 방송실험, 그리고 우주방사선실험 등을 수행할 수 있는 장치를 탑재하고 있다. 위성관제는 인공위성연구센터 지상국이 운영하고 있다.

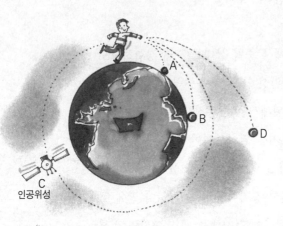

인공위성

그러나 비행기는 비행
고도가 낮기 때문에 공기
와의 마찰에 의해서 점차
역학적 에너지가 줄어들
어 결국은 추락하게 된다.
따라서 인공위성이 되기
위해서는 고도가 충분히
높아서 공기의 마찰이 없
어야 하고 상당한 정도의
수평 속력이 있어야 한다.

그러면 왜 비행기에서는 무중력 상태가 생기지 않는데 우
주선에서는 무중력 상태가 생기는 것인가?

비행기에서도 무중력 상태를 느끼는 경우가 있지만, 이것
은 비행기가 추락하는 경우이고, 정상적인 항로에서는 무중
력 상태가 없다. 그러나 우주선이나 인공위성은 어느 정도 충
분한 속력이 되었을 때 동력이 정지하여 관성에 의해 운동하
므로 우주선 안은 무중력 상태에 돌입하게 된다. 왜냐하면 추
진력이 없어지면 우주선의 선체와 그 안에 있는 모든 물체의
운동 상태가 완전히 같으므로 사람이 우주선을 누를 수 없기
때문이다.

로켓이 가스를 뒤로 뿜으면서 추진할 때는 우주선의 선체
가 먼저 가속이 되고, 그 선체에서 사람이 힘을 받아 사람도

가속이 된다. 따라서 우주선이 추진을 중지하면 어느 물체도 중력 이외의 힘을 받지 않기 때문에 어느 것이 다른 것에 힘을 미칠 수가 없고 그 안의 모든 물체는 둥둥 떠다니는 상태에 있게 되는 것이다.

인공위성 밖에서 인공위성을 관찰하는 사람은 중력장에서 인공위성이 운동 법칙에 따라 운동한다고 생각하겠지만 그 안에 있는 사람에게는 줄이 끊어진 엘리베이터의 내부 상태와 같다. 이 속도에서의 인공위성은 엔진이 꺼져도 땅에 닿지 않고 계속 그 상태를 유지할 수 있으므로 우주인들은 10초, 20초가 아니라 몇 달 혹은 몇 년씩 무중력을 경험하게 된다.

그러나 무중력 상태를 오랫동안 경험하면 신체적·생리적으로 이상이 온다. 우리가 평상시에 앉았다 일어나거나 하는 무의식적인 행동도 모두 운동을 하는 것인데, 무중력 상태에서는 아무래도 근육을 쓸 일이 별로 없으므로 소화도 잘 안 될 것이고 뼈가 약해지는 등 여러 가지 신체적인 문제뿐만이 아니라 무중력 초기의 심리적인 불안감 등도 나타난다.

따라서 우주인이 되기 위해서는 많은 훈련이 필요하다. 처음에는 수중에서 움직임으로써 무중력에서 중심을 잡는 훈련을 하고, 실제 무중력에 대한 훈련은 비행기를 타고 수직으로

깜짝 과학 상식

▮ 우주 비행사들은 무선 전신 없이도 달에서 대화할 수 있을까?

달은 대기를 가지고 있지 않다. 그렇기 때문에 음파를 전할 수 있는 매개체가 없다. 그래서 달에는 절대적인 고요만 흐르고 있다. 그러나 우주 비행사들이 헬멧을 맞대고 있다면, 서로 대화할 수 있을 것이다. 그들은 헬멧을 통해서 소리를 전달하는 것이다.

상승했다가 자유낙하하듯 포물선을 그리며 내리꽂으면 그 짧은 순간 동안은 무중력 상태이므로 무중력에 대한 적응훈련이 된다고 한다.

영화 〈아마겟돈〉을 보면 우주선에 승선하기 전에 거대한 물탱크 속에서 무중력 상태 적응 훈련을 받는 장면이 나온다.

4. 무중력 상태—어디가 위, 어디가 아래인가

(1) 지구로 영원히 낙하하고 있는 중

커다란 포탄이 있어 사람이 탄 채로 발사되었다면 그 안에 있는 사람은 무중력 상태를 느끼게 된다. 포탄과 사람은 모두 같이 운동하기 때문에 서로 영향을 미치지 않기 때문이다.

미항공우주국(NASA)에서는 우주인들에 대한 무중력 상태 체험 훈련을 할 때, 비행기로 무중력 상태를 만든다. 비행기를 발사된 포탄과 똑같이 날아가게 하면 그 안에 탄 사람은 무중력을 경험하게 되는 것이다. 그래서 영화 〈아폴로 13〉의 촬영도 이 비행기 안에서 이루어졌다.

인공위성의 원리를 이야기할 때 '지구로 영원히 낙하하고 있는 중'이라는 표현을 자주 쓰는데, 이 말은 인공위성이 지구로 떨어지면서 움직이는 길이 원운동에 꼭 맞는다는 뜻이다.

인공위성의 속력이 이보다 느리면 지구로 점점 다가가서 떨어져 버릴 것이며, 속력이 약간 빠르면 타원 궤도를 그리게 된다. 인공위성에 탄 사람도 인공위성과 똑같이 영원히 지구로 낙하하고 있는 중이므로 무중력 상태를 느낄 것이다.

(2) 인공위성 속의 물리

인공위성 안에서는 중력이 물체를 바닥에 잡아 두지 않으므로 마찰력이 없다. 그래서 무중력 상태는 아주 좋은 공기 테이블 역할을 한다. 우주인이 승무원실 한가운데 정지해 있다면 그는 천장이나 마룻바닥 또는 다른 어떤 벽으로도 이동할 수 없다. 다른 승무원이 와서 밀어 줄 때까지 그곳에 정지해 있어야 한다. 움직이고 있던 음식물은 벽에 닿거나 사람의 입에 들어가기 전까지는 계속 운동하고, 또 친구의 어깨를 툭 치기만 해도 선실에서 떠다니게 된다.

우리는 서랍을 열 때 받는 반작용을 의식하지 못한다. 그러나 발바닥이 고정되지 않은 우주인이 서랍을 당기면 서랍은 열리지 않고 오히려 우주인이 서랍 쪽으로 끌려가게 된다. 또 우주인이 나사를 잠그기 위해 드라이버를 돌리면 오히려 자신의 몸이 회전하게 될 것이다.

터지지 않는 비누 방울과 둥근 물방울도 볼 수 있다. 이는 표면장력 때문인데, 액체 분자가 서로 잡아당기는 힘 때문에 액체의 표면은 구의 형태로 만들어지려고 한다. 지구에서는

> **표면장력**
> 액체의 자유표면(自由表面)에서 표면을 작게 하려고 작용하는 장력. 비누방울이나 액체 속의 기포·물방울 등이 구상(球狀)이 되는 것은 이 힘이 액면에 작용하기 때문이며, 용기의 가장자리에 액체가 넘쳐 올라간 모양이 되어 쏟아지지 않는 것도 액체 표면에 장력이 작용하기 때문이다. 수면에 떨어뜨린 기름방울이 금방 퍼지는 것은 물의 표면장력이 기름의 표면장력보다 크고, 기름층이 물의 표면장력에 의해 잡아 늘여지기 때문이다.

표면장력의 효과가 뚜렷하지 않으므로 우유를 엎지르면 낮은 곳으로 흘러내린다. 그러나 무중력 상태에서는 우유를 엎지르면 흘러내리지 않고 방 한가운데에 구를 만든다.

무중력 상태에서는 무게가 작용하지 않기 때문에 유체의 압력도 없고, 부력이나 침전 현상도 생기지 않는다. 코르크 마개가 물 속에 잠기지도 않고, 거품이 위로 올라오지도 않는다. 사이다 같은 탄산 음료 속에는 탄산가스가 그대로 머물러 있어서 톡 쏘는 맛을 느낄 수가 없게 된다. 또한 초콜릿 우유의 초콜릿이 우유 아래로 가라앉아 층을 만들지도 않는다. 또한 대류가 일어나지 않고 공기층의 무게가 없기 때문에 뜨거운 공기가 위로 올라가지 않는다. 열을 받으면 팽창은 하지만 그곳에 그냥 머물러 있게 된다.

부력
기체나 액체 속에 있는 물체가 그 표면에 작용하는 압력에 의해서 중력에 반대되는 위쪽으로 뜨는 힘.

대류
열이 물질의 운동에 의해 운반되는 현상.

(3) 생리적인 영향

① 우주인의 얼굴이 붓는다.

지구에서는 중력의 영향으로 인체에 들어 있는 액체가 발 쪽에 많이 모여 있으나 궤도에서는 유체들의 평형 상태가 달라지므로 위로 올라가게 된다.

② 우주인의 키가 2.5cm 정도 커진다.

관절 사이에 작용하는 중력이 없어지기 때문에 관절의 간격이 벌어져 키가 커진다. 그러나 지구로 돌아오면 키는 원래 상태로 되돌아간다.

③ 심장 근육은 적은 힘으로 혈액을 펌프질할 수 있다.

다리로부터 혈액이 심장으로 되돌아오기도 쉽고 머리로 혈액을 보내기도 쉬워진다. 이것은 우주에서는 별로 문제가 되지 않으나, 긴 기간을 우주에서 생활하다가 지구로 되돌아왔을 때 문제가 된다.

④ 생리학적으로 위와 아래를 구분할 수 없다.

자기 몸이 평형 상태에 있는지 혹은 회전하고 있는지를 느끼는 감각기는 우리 귀의 안쪽(내귀)에 있다. 그런데 이런 감각 기관은 중력에 의해 자극을 받는다.

예를 들어 우리의 머리가 기울어지면 내귀에서는 머리가 기울어졌다는 신호를 뇌에 보낸다. 그러나 무중력 상태에서는 이런 감각기가 작용할 수 없고, 몸의 상태를 뇌에 전달할 아무런 생리학적 기관도 없다. 따라서 우주인들은 발이 지구 쪽이건 별이 있는 방향이건 똑같이 느낀다.

(4) 식 사

우주 비행 초창기에는 우주 비행사들이 튜브 안에 들어 있는 반죽된 음식을 입 안에 짜넣어 식사를 해결했다. 그러나 우주왕복선 시대에 들어와서는 스테이크나 달걀 등 지상에서와 같은 음식을 쟁반 위에 차려놓고 포크나 숟가락으로 먹을 수 있게 되었다. 물론 조심스럽게 먹어야 달걀과 스테이크가 날아다니는 것을 막을 수 있다. 무중력 상태에서는 땅콩을 던져올려 입으로 받아먹을 수 없다. 땅콩이 계속 올라가 천장에 부딪혀 튀어 내려오기 때문이다.

무중력 상태라 하더라도 조심조심 입 안에 넣기만 하면 그 다음은 인체의 반사 작용이 음식물을 식도 아래로 밀어내리기 때문에 소화에는 문제가 없다. 그런데 음료수를 마실 때가 문제이다. 주스가 병에 그대로 머물러 있기 때문에 주스를 컵에 따를 수가 없다. 주스를 흔들어 컵에 넣을 수는 있겠지만 컵에 부딪힌 주스가 튀어나와 작은 액체방울이 사방에 흩어져 버린다. 그래서 우주인들은 총처럼 생긴 도구로 음료수를 입 안에 뿌리거나 빨대로 빨아먹는다. 우주선 안에도 공기는 있기 때문에 빨대로 빠는 일이 가능하다.

(5) 첨단 산업

최초의 우주제품은 1980년대 우주왕복선에서 만든 액체 플라스틱 재료의 아주 미세한 공이다. 무중력 상태에서 만들어지기 때문에 중력의 영향을 받지 않아 완벽한 구가 된다. 바늘끝만한 크기의 이 공들은 현미경 위에 나란히 놓아 크기를 재는 기준으로 사용하기도 하고, 미세한 구멍이 뚫린 필터를 시험하는 데도 쓰이는 등 여러 가지 용도로 사용된다.

화학 용액을 냉각시켜 결정체를 만들 때, 무중력 상태라면 대류가 일어나지 않기 때문에 완벽한 결정 구조를 얻을 수 있다.

무중력 상태인 우주 공간에서는 고도의 순도를 가진 약품·합금·결정체로 만든 마이크로 칩 등 소량 생산으로 많은 수익을 올릴 수 있는 것들이 생산될 것이다.

미국의 어느 우주항공 회사는 항암 단백질인 인터페론, 혈우병 환자에게 사용하는 응혈제인 '팩터 8'과 같은 고순도 의약품을 생신할 제약회사를 발족시켰다. 우주 공간에서 고순도 약품을 더 효율적으로 만들어낼 수 있기 때문이다.

생각할문제

■ 다음의 여러 경우 중에서 무중력 상태를 경험할 수 없으리라고 생각되는 것은?

① 우리별 1호 안

② 자유낙하중인 엘리베이터 안

③ 비행중 엔진 고장으로 추락하는 비행기 속

④ 지구와 달의 중력이 같은 지점을 엔진 없이 지나는 우주선

⑤ 지구의 대기권 밖에서 진로를 수정하기 위해 추진중인 우주선

 정답 》》 ⑤

| 해 설 | 우리가 무중력을 느끼는 것은, 자유낙하하고

있는 엘리베이터 속처럼, 나와 나를 태운 기구(?)의 운동 상태가 완전히 같아서 서로간에 상대적인 위치가 변하지 않아 무게가 0이 되는 상태를 말하는 것이지 중력이 없는 곳을 가리키는 것이 아니다. 중력은 거리의 제곱에 반비례하면서 작아질 뿐 아무리 멀리 가도 0이 되지 않는다. 또 지구에서 멀어진다는 것은 다른 천체에 가까워진다는 것이므로 우주 어디에도 중력이 미치지 않는 곳은 없다. 추진중인 우주선 속에서는 추진하는 반대 방향으로 힘을 받는 것처럼 느껴진다.

■ 우주선에서는 무중력 상태를 경험할 수 있지만 비행기에서는 그렇지 않다. 위와 같은 관점에서 비행기와 우주선의 근본적인 차이점이라고 볼 수 있는 것은?
① 비행 속도
② 비행 고도
③ 탑재된 엔진의 성능
④ 엔진이 정지했을 때 추락 여부
⑤ 대기권 안을 비행하느냐 밖을 비행하느냐의 차이

정답 》》④

| 해 설 | 우주선의 비행 고도는 비행기보다 높고, 그 속도도 비행기보다 빠르다. 그러므로 로켓 엔진이 비행기 엔진보다 성능이 좋고 가격이 비싸다. 그렇다고 그것이 로켓과 비행

기를 구분하는 기준이 될 수는 없다. 왜냐하면 비행기가 로켓만큼 빠르게 난다고 로켓이 되는 것은 아니기 때문이다.

우주선에서 무중력 상태에 돌입하는 시기는 엔진이 정지하여 관성 비행을 시작하는 순간이며, 그럴 경우 일반적으로 비행기는 떨어지지만 우주선은 떨어지지 않는다. 우주선이 떨어지지 않기 위해서는 엔진이 정지한 순간의 고도와 속도가 충분히 커야 하며, 마찰이 거의 없는 대기권 밖이어야 한다.

물체의 무게

똑같은 사람이 같은 지구에서 몸무게를 재더라도 적도지방보다는 극지방에서 몸무게가 더 나간다. 그 이유는 무엇일까? 또한 상황에 따라서 몸무게를 측정할 수 없는 경우도 있다. 대체 어떤 상황에서 몸무게가 없어지는 걸까? 이 장에서는 물체의 무게가 달라지는 원인에 대해서 알아보고자 한다.

1. 무게와 질량

몸무게가 60킬로그램이라면 정확하게 60kg중이라고 해야
한다. 질량 60kg을 지구가 당기는 힘을 60kg중이라고 하기
때문이다. kg은 질량의 단위이고, kg중은 무게의 단위이다.
질량은 물질 고유의 변하지 않는 양이고 무게는 지구가 당기
는 힘이기 때문에 변할 수 있는 양이다. 즉 60kg중은 약 588
뉴턴에 해당되며, 질량이 60kg인 사람이 달에 가면 달에서는
만유인력이 지구의 1/6밖에 안 되기 때문에 무게는 1/6로 줄
어 98뉴턴이 된다. 물론 목성에 가면 훨씬 더 무거워진다.

심지어 지구 위에서도 장소에 따라 무게가 달라진다. 즉 극
지방에 있는 사람이 적도지방에 있는 사람보다 더 무거운데,
첫 번째 이유는 극 방향으로의 지구 반경이 적도 방향으로의
지구 반경보다 더 짧기 때문이다. 만유인력의 법칙은 거리의
제곱에 반비례하므로 거리가 짧을수록 당기는 힘이 더 세다.

두 번째 이유는 지구의 자전 때문이다. 만약 우리가 지구본
을 돌리듯 거인이 지구를 점점 빨리 돌린다면, 우산을 받고
가다가 우산을 돌리면 빗방울이 밖으로 튀어나가는 것과 같
이 적도지방에 있는 사람부터 지구를 떠날 것이다. 자전 속도
가 빨라짐에 따라 지구를 떠나는 사람이 점차 극 쪽으로 옮겨
와 마침내 극에까지 이를 것이나, 양쪽 극의 자전축상에 서
있는 사람은 지구가 아무리 빨리 돌아도 지구에서 튀어 나가

뉴턴(N)
힘의 단위로, 1kg의
물체에 힘을 주었을
때 1m/s²의 가속도를
생기게 하는 크기의
힘이다. 뉴턴 하면 사
과가 떠오르는데 공교
롭게도 1N의 힘은 사
과 하나의 무게와 거
의 같다.

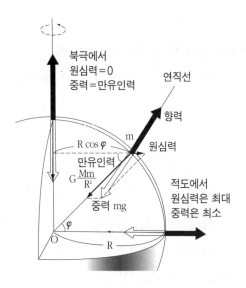

▌과장된 지구 타원 그림 ▌

북극에서
원심력=0
중력=만유인력

연직선

항력

m

$R \cos \varphi$

원심력

만유인력
$G \dfrac{Mm}{R^2}$

중력 mg

적도에서
원심력은 최대
중력은 최소

φ

O

R

지 않는다. 이러한 가상의 힘을 원심력이라고 하는데 그 원심력이 적도에서 제일 크게 작용하므로 적도에서는 약간 들뜨려는 경향이 있으며 이러한 효과가 물체의 무게를 작게 만든다.

첫 번째 이유와 두 번째 이유가 상쇄되는 방향으로 작용하는 것이 아니라 보강되는 방향으로 작용하기 때문에 양쪽 극에 있는 사람이 적도에 있는 사람보다 무겁다.

이렇듯 무게는 장소에 따라 얼마든지 변하지만 질량은 물질 고유의 양이기 때문에 달에서나 목성에서나 60kg으로 변함이 없다.

국제적으로 소고기 장사를 하는 사람은 다른 조건이 같다면 적도에서 고기를 사다가 극지방에 팔면 이익이 될 것이다. 왜냐하면 적도에서 산 고기의 무게가 극지방으로 가면 더 늘어날 것이기 때문이다. 이러한 경우 양팔저울로 고기를 달면 안 된다. 양팔저울은 질량을 다는 저울이기 때문에 적도에서나 극지방에서나 고기의 질량은 같게 측정된다. 왜냐하면 적도에서 양팔저울의 왼쪽에 고기를 놓고 오른쪽에 1kg짜리 추를 놓아서 평형이 됐다면 극지방에서도 역시 1kg을 놓아야 평형이 되고 달에 가도 1kg을 놓아야 평형이 된다. 달이 당기는 힘이 6분의 1로 작지만 똑같은 비율로 추를 당기는 힘도 작아지기 때문에 한번 평형을 이룬 양팔저울은 어디로 가져가도 한쪽으로 기울지 않는다.

한편 용수철 저울은 무게를 재는 저울로서, 용수철은 세게 당길수록 많이 늘어난다는 후크의 법칙을 이용한 것이다. 용수철에 물체를 달았을 때 지구가 당기는 힘이 크면 많이 늘어날 것이고, 당기는 힘이 적으면 적게 늘어날 것이므로 용수철이 늘어난 길이로 무게를 알 수 있다. 적도에서보다 극지방에서 당기는 힘이 크기 때문에 용수철이 많이 늘어나고, 달에서는 지구에서 늘어나는 길이의 6분의 1로 줄어든다.

후크의 법칙
탄성 한계 내에서 탄성체의 변형되는 정도는 작용한 힘에 비례한다.

ㄹ. 물체가 낙하할 때 무게는 얼마나 될까?

용수철 저울의 고리에 분동을 매단 채 낙하시킬 때 바늘이 어떻게 변화하는지 살펴보자(측정하기 쉽게 하기 위해 바늘이 움직이는 홈에 코르크 조각을 끼워 놓고 코르크의 위치 변화를 살펴본다).

분동
천칭(天秤)의 한쪽 저울판에 올려놓아 물건의 무게를 재는 추.

실험 결과를 보면, 낙하할 때 용수철 바늘은 분동의 전 무게가 아니라 그것보다 훨씬 가벼운 무게를 가리키고 있다.

만약 저울이 자유낙하하고, 그 때 그 바늘을 볼 수 있다면 낙하할 때 분동의 무게가 없어진다는 것을, 다시 말해 바늘이 0을 가리키고 있음을 확인할 수 있다.

아주 무거운 저울의 본체는 그것이 낙하하고 있는 동안 완전히 무중량 상태가 된다. 왜 그런지는 간단히 알 수 있다.

우리들은 물체가 저울을 끌어당기거나 혹은 저울대를 누르는
힘을 그 물체의 '무게'라고 한다. 그러나 낙하하는 저울의 본
체는 저울의 용수철을 전혀 끌어당기지 않는다. 그 까닭은 용
수철이 본체와 함께 낙하하기 때문이다. 본체가 낙하하고 있
는 동안은 아무것도 끌어당기지 않고 또 어떤 것 위에도 올려
져 있지 않다. 따라서 본체가 낙하할 때 그 무게가 얼마가 되
는지를 묻는 것은 본체에 중량이 없을 때 본체의 중량이 얼마
인가 하고 묻는 것과 같다.

생각할문제

■ 다음 무게와 질량에 대한 설명 중 사실과 거리가 먼 것
은?

① 질량이 10kg인 물체를 지구가 당기는 힘은 98N이다.

② 지구에서 무게가 98N이면 그 물체의 질량은 10kg이
다.

③ 지구가 물체를 당기는 힘은 그 물체의 질량에 비례한다.

④ 질량이 큰 물체일수록 자유낙하시키면 가속도가 크다.

⑤ 질량이 10kg인 물체에 98N의 힘이 작용하면 $9.8m/s^2$
의 가속도 운동을 한다.

 정답 ≫≫ ④

| 해 설 | 지구가 당기는 만유인력은 두 물체의 질량에 비례하고 거리 제곱에 반비례한다. 따라서 질량이 클수록 지구가 당기는 힘도 커지며 우리는 이것을 무게로 느낀다. 즉 무거운 것은 지구가 당기는 힘이 큰 것이고 가벼운 것은 지구가 당기는 힘이 작은 것이다. 질량 10kg을 지구가 당기는 힘을 10kg중이라고 하며 이는 98N이다. 왜냐하면 10kg을 자유낙하시키면 $9.8m/s^2$의 등가속 운동하므로 이 물체에 작용하는 힘 F=ma에서 98N의 힘이 작용했다는 것을 알 수 있다. 물체에 작용하는 만유인력은 질량에 비례하지만 그 힘에 의한 가속도는 질량에 반비례하므로 결국 물체의 가속도는 질량에 관계없이 일정하고 그 값이 중력 가속도 $9.8m/s^2$ 이다.

■ 다음은 정지해 있던 어떤 물체가 $4m/s^2$의 등가속도 운동을 시작한 후의 속도(v), 가속도(a), 이동거리(s)를 추적한 표이다. 빈칸을 알맞게 채워라.

시간	속도(m/s)	가속도(m/s^2)	이동거리(m)
0	0	4	0
1	4		
2			8
3	12		
4			32
⋮			
t			

| 해 설 | 등가속도이므로 매초당 속도가 4씩 증가해야 한다. 1초 동안의 이동거리는 1초 동안의 평균 속도인 2m/s 에다 1s을 곱해서 2m이다. 2초 동안의 이동 거리는 2초 간 평균 속도인 4m/s에다 2s을 곱해서 8m이다. t초 간 이동거리는 평균 속도인 2t에 시간 t를 곱해서 $2t^2$이다.

시간(s)	속도(m/s)	가속도(m/s²)	이동거리(m)
0	0	4	0
1	4	4	2
2	8	4	8
3	12	4	18
4	16	4	32
⋮			
t	4t	4	$2t^2$

참고 질량과 무게의 차이

	질 량	무 게
의 미	물질의 기본적인 양	천체가 당기는 힘
단 위	kg, g	kg중, N
측정도구	양팔저울, 접시저울	용수철저울
비 고	어디에서나 일정하다.	천체마다 다르고 심지어 지구 위에서도 조금씩 다르다.

로켓의 운동

읽기 전에

운동량과 충격량의 원리를 알면 일상
생활과 관련된 많은 현상들을 이해할
수 있게 된다.
야구공을 맨손으로 잡는 기술에는 어
떤 원리가 숨어 있으며, 딱딱한 지면에
떨어지는 것이 물에 떨어지는 것보다
치명적인 이유가 충격량으로 어떻게
설명될 수 있는지 알아보자.

1. 이불 위에 떨어진 유리컵은 왜 안 깨질까?

시멘트 바닥에 떨어진 유리컵은 바닥에 닿자마자 깨지는데 이불 위에 떨어진 것은 깨지지 않는다. 그 이유를 설명해 줄 수 있는 것이 운동량과 충격량이라 부르는 물리량이다. 운동량은 물체의 질량에 속도를 곱한 양이고, 충격량은 힘과 그 힘이 작용한 시간을 곱한 양이다.

마찰이 없는 평면 위에 질량이 m인 물체가 v_0라는 속력으로 등속운동하고 있다고 하자. 그 물체에 일정한 힘 F를 가하면 이 물체는 속력이 일정하게 변하는 등가속운동을 시작한다. 이렇게 t초 간 힘이 작용하여 마침내 v라는 속도가 되었다면 그 사이의 가속도는 나중 속도에서 처음 속도를 빼서 시간으로 나누면 된다. 즉, $a = \dfrac{v - v_0}{t}$ 이 되는데 이를 운동의 제2법칙에 대입하여 정리하면 다음과 같다.

$$F = ma = m\frac{v - v_0}{t}$$
$$Ft = mv - mv_0$$

위 식의 좌변이 충격량이고 우변이 운동량의 변화이므로 충격량은 운동량의 변화와 같다.

유리컵을 떨어뜨렸을 때 위치 에너지가 운동 에너지로 바뀌면서 속도가 증가하며 운동량은 속도에 비례하여 커진다. 유리컵이 바닥에 부딪힐 때 바닥으로부터 힘을 받으면서 일시에 정지하여 운동량이 0이 된다.

이때 바닥으로부터 받는 힘에다 힘이 작용한 시간을 곱한 것이 충격량이며, 바닥에 부딪히기 직전의 속도에다 질량을 곱한 것이 부딪히기 직전의 운동량이다. 따라서 운동량의 변화는 같은 높이에서 떨어뜨리면 이불이나 시멘트 위나 같다. 그러나 이불 위는 푹신푹신하기 때문에 운동량이 0이 되는 시간이 시멘트에 부딪히는 것보다 훨씬 길다. 운동량의 변화는 같은데 시간이 길면 힘은 작아야 하므로 이불 위에 떨어진 유리컵은 깨지지 않을 수가 있는 것이다.

$$F \cdot \triangle t = F \cdot \triangle t$$

◀ 자동차가 멈추는 데 걸리는 시간이 짧다.

mV　　　⇒　　　Ft

◀ 자동차가 멈추는 데 걸리는 시간이 길다.

mV　　　⇒　　　Ft

야구공을 맨손으로 받을 때 아프지 않게 받는 방법은 야구공이 손바닥에 접촉되는 순간 손을 뒤로 빼는 것이다. 이렇게 하면 야구공을 정지시키는 데 시간이 걸리고 그 길어진 시간과 반비례해서 손에 미치는 힘은 적어진다. 물렁물렁한 축구공을 찰 때가 딱딱한 축구공을 찰 때보다 발등이 덜 아픈 것도 물렁물렁한 공일수록 발등과 접촉하는 시간이 길기 때문이다.

2. 마찰과 에너지 보존

청룡열차의 운동에 있어 역학적 에너지는 보존된다. 역학적 에너지라 함은 운동 에너지와 위치 에너지를 말하는데, 청룡열차의 궤도 운동에서 위치 에너지가 커지면 운동 에너지는 작아지고 운동 에너지가 큰 곳은 위치 에너지가 작다. 쉽게 말해서 속도가 빠른 곳은 낮은 곳을 지날 때이고 속도가 느린 곳은 높은 곳을 지날 때이다.

자유낙하운동은 위치 에너지가 일방적으로 운동 에너지로 바뀌는 것이고, 그네는 주기적으로 위치 에너지와 운동 에너지를 바꾸어 취한다.

그러나 실제 마찰 때문에 청룡열차가 갖는 역학적 에너지는 보존되지 않는다. 한번 밀어놓은 그네는 시간이 지남에 따라 진폭이 점점 줄어 정지하게 되고, 자유낙하한 물체가 땅에 떨어진 후에는 운동 에너지도 위치 에너지도 존재하지 않는다. 역학적 에너지 보존법칙은 마찰이 있는 경우에는 성립될 수 없다.

이제 마찰이 있는데도 보존되는 물리량에 대해서 생각해 보기로 하자.

지금 질량 m인 물체가 속도 v로 운동하다가 V의 속도로 운동하고 있는 질량 M인 물체와 충돌하여 속도가 각각 v′와 V′가 되었다고 하자. 두 물체가 충돌하는 과정에서 서로에게 힘을 주었을 것이며, 이 때 서로에게 가한 힘은 작용-반작용의 법칙에 의해서 크기는 같고 방향은 정반대가 될 것이다.

m $\xrightarrow{v}$	충돌 전	M $\longrightarrow$ V	
m $\xrightarrow{v'}$	충돌 후	M $\longrightarrow$ V′	

힘이 미치는 짧은 시간 t 동안 두 물체는 가속도 운동하였을 것이고, 작은 물체의 가속도 $a = \dfrac{v' - v}{t}$ 가 되고 큰 물체의 가속도 $A = \dfrac{V' - V}{t}$ 가 된다.

작은 물체가 받는 힘 $f = ma = \dfrac{m(v' - v)}{t}$

큰 물체가 받는 힘 $F = MA = \dfrac{M(V' - V)}{t}$

작용과 반작용의 법칙에 의해 f=-F이므로 위 두 식을 더

하면 좌변이 0이 되고 우변을 정리하고 t를 양변에 곱하면 다음과 같이 된다.

$$mv + MV = mv' + MV'$$

이 식의 좌변은 충돌 전의 운동량이고 우변은 충돌 후의 운동량을 나타내고 있다. 즉 충돌 전과 후에 있어 운동량의 합은 보존된다는 것이다. 충돌 과정에서 마찰이 있으나 없으나, 서로에게 방향이 반대이면서 같은 크기의 힘이 미친다는 것은 변하지 않기 때문에 운동량이 보존되는 것은 마찰에 관계없이 성립한다.

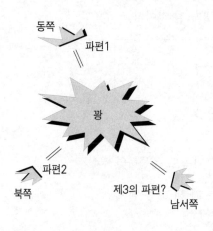

정지해 있던 폭탄이 폭발하여 파편이 사방으로 튀어나갔을 경우 그 모든 파편의 운동량들은, 폭발 전의 운동량이 0이었으므로 모두 상쇄되어야 한다. 가만히 있던 폭탄이 폭발하여 두 개의 파편이 동쪽과 북쪽으로 날아갔다면 보이지는 않았더라도 제3의 파편이 남서 방향으로 갔어야 한다는 것이 운동량 보존법칙이다.

3. 우주 공간에서 움직이려면?

로켓의 추진 원리는 비행기와 근본적으로 다르다. 비행기

는 공기가 없으면 뜨지 못하지만 로켓은 공기중이나 진공중
이나 관계없이 추진된다.

　비행기는 공기 속에 있는 산소를 취하여 연료를 태움으로
써 생기는 에너지로 프로펠러를 회전시켜 공기를 뒤로 밀어
내어 가기 때문에 공기가 없으면 추진할 수 없다.

　그러나 로켓은 연료와 산소를 가지고 움직이기 때문에 공
기가 없어도 연료를 태울 수 있고, 프로펠러를 돌리는 것이
아니라 연소된 배기가스를 뒤로 힘차게 뿜어냄으로써 그 반
작용으로 운동량을 얻는다.

　마찰이 없는 우주 공간에 있는 우주인이 이동하기 위해서
아무리 손과 발을 놀려봐야 한치도 움직이지 않는다. 이 경우
이동할 수 있는 유일한 방법은 자기가 지니고 있는 물건 중에
필요가 없는 것을 가고자 하는 반대 방향으로 던지는 것이다.

← 마찰이 없는 우주
공간에서 이동하기 위
해서는 총을 쏘든지 방
귀를 뀌든지 하여튼 무
엇인가를 움직이려는
방향의 반대 방향으로
분사해야 한다.

예를 들어 신발을 던지면 내가 신발에 준 힘만큼 신발로부터 나도 힘을 받는다. 물론 내가 신발보다 질량이 크기 때문에 얻는 속도는 신발보다 작지만 마찰이 없으므로 조금만 움직여도 그 속도가 유지될 것이므로 기다리기만 하면 어디든지 갈 수 있다.

질량이 M인 사람이 질량이 m인 신발을 v의 속력으로 던졌을 때 사람이 갖게 되는 속력을 V라고 하면 운동량 보존법칙에 의해 $MV = mv$가 되어 $v : V = M : m$이다.

신발은 두 개밖에 없으므로 두 개를 전부 던지고 나면 속도를 바꾸기가 곤란하므로 총을 쏘는 것이 훨씬 편할 것이다. 앞으로 가고 싶으면 뒤로 한 방, 위로 가고 싶으면 아래로 한 방, 제자리에 서고 싶으면 가는 방향으로 한 방 쏘면 된다.

지금 우주복과 총을 포함해서 전체 질량이 100kg인 우주비행사가 한 개에 0.1kg인 총알 100개를 가지고 2초 간격으로 연속해서 한쪽 방향으로만 1000m/s의 일정한 속력으로 발사했을 경우 이 우주비행사가 최종적으로 얼마의 속력을 갖게 되며, 그 때까지 움직인 거리를 계산해 보자.

이 경우 총알 100개를 한꺼번에 던진 것과 결과가 같다고 생각하면 안 된다. 왜냐하면 총알을 하나씩 발사함에 따라서 우주비행사의 전체 질량이 110kg에서 0.1kg씩 줄어들므로 같은 속도로 발사하더라도 나중에 발사하는 것에 의해 더 큰 속력을 얻는다.

우선 처음에 발사된 총알에 의해서 얻게 되는 속도 v_1은 운동량 보존법칙에 의해 $109.9 \times v_1 = 0.1 \times 1000$에서 $v_1 = 100/109.9$의 속력으로 2초 간 이동할 것이므로 처음 2초 간 이동거리 $s_1 = v_1 \times 2$가 된다.

또 두 번째 발사하고 나서 증가한 속도를 dv_2라고 하면 $109.8 \times dv_2 = 0.1 \times 1000$에서 $dv_2 = 100/109.8$이므로 두 번째 총알을 쏘고 난 후의 속력 $v_2 = v_1 + dv_2$이고 다음 2초 간 이동한 거리 $ds_2 = v_2 \times 2$이므로 4초 간 이동한 거리 $s_2 = s_1 + ds_2$가 될 것이다.

마찬가지로 세 번째 발사한 후의 속력 $v_3 = v_2 + dv_3$, 이동거리 $s_3 = s_2 + ds_3$이다.

일반적으로 n번째 발사한 후,

속력 증가 $\quad dv_n = \dfrac{100}{100 + (10 - 0.1n)}$

속력 $\qquad\qquad v_n = v_{n-1} + dv_n$

이동거리 증가 $\quad ds_n = v_n \times 2$

이동거리 $\qquad\quad s_n = s_{n-1} + ds_n$

계산 방식이 비슷하므로 이를 베이식을 이용하여 다음과 같이 프로그램화하였다.

```
10 N=0 : V=0 : S=0
20 N=N+1
```

30 DV=100/(100+(10-0.1＊N))

40 V=V+DV:S=S+V＊2

50 PRINT N,DV,V,S

60 IF N=100 THEN END ELSE GOTO 20

이 프로그램의 실행 결과를 보면 33번째 총알이 발사된 후에 우주인의 속력은 30.47m/s이고 우주인이 이동한 거리는 1030.99m이다. 또 100개를 다 발사하고 나면 속력이 95.36m/s가 되고 이동거리는 9479.41m가 된다. 100개를 모두 발사하는 데 200초, 즉 3분 20초가 소요되므로 평균 가속도는 0.47m/s², 평균 속력은 47.39m/s가 될 것이다.

생각할 문제

■ 위의 예에서 우주인이 100개의 총알을 한꺼번에 1000m/s의 속력으로 발사했을 경우 우주인이 얻게 되는 속력은?

| 해 설 | 운동량 보존의 법칙에 의해 발사 전의 운동량이 0이고 총알 100개 전체 질량이 10kg이므로 100×V=10×1000에서 V=100m/s가 된다. 이 값은 1개씩 따로 쏘았을 때보다 약간 크다.

■ 모든 총알을 한꺼번에 쏜 경우 우주인이 얻는 속력이 하나씩 모두 쏜 경우보다 크다. 그 이유는 무엇일까?

| **해 설** | 한꺼번에 발사한 총알은 모든 총알이 지면에 대해서 1000으로 일정하다. 그러나 하나씩 발사한 총알은 지면에 대해서 첫 번째만이 1000이고 그 다음부터는 우주인이 뒤로 움직이면서 발사하기 때문에 우주인에 대해서는 1000으로 발사했지만 지면에 대해서는 1000에서 우주인의 속력을 빼야 한다.

극단적으로 우주인이 1000이라는 속력으로 달리면서 총을 쏘면 그 총알은 우주인에게 충격을 주어 우주인을 가속시킬 수는 있지만 지면에 대한 속력은 0이다. 따라서 지면에 대한 모든 총알들의 운동량의 합은 한꺼번에 같은 속력으로 쏜 경우보다 적으므로 운동량 보존법칙에 의해 우주인이 얻는 속력도 적어진다.

단 진 동

읽기 전에

갈릴레이가 발견한 단진동은 일상 생활에서 널리 활용되는 주기 운동이다. 현실의 세계에서 벗어나 지구 중력을 이용한 단진동 땅굴 열차를 상상해 보자.

1. 진자의 등시성

갈릴레이가 피사의 사원에서 램프가 바람에 흔들리는 것을 보고 발견했다는 '진자의 등시성'이라는 것이 있다. 즉, 램프의 무게가 가벼우나 무거우나 한 번 갔다오는 데 걸린 시간(주기)은 같고, 심지어 많이 흔들리든 적게 흔들리든 주기는 변하지 않는다는 것이다. 흔들리는 정도를 나타내는 물리량을 '진폭'이라고 하는데 진폭이 크면 빠르고, 진폭이 작으면 느리게 움직여서 결국 한 번 움직이는 데 걸리는 시간이 같다는 것이다.

바람에 흔들리는 램프, 시계추의 운동, 추가 달린 용수철의 운동 등과 같이 주기적으로 왕복 운동하는 것을 '단진동'이라 한다. 단진동 운동의 특징은 일정한 범위에서 같은 운동을 반복하면서, 진동의 중심을 지날 때에는 속도가 가장 빠르고 끝으로 갈수록 속도가 줄어 끝에서는 정지하고, 운동의 방향이 바뀌어 진동의 중심으로 가며 다시 속도가 점점 증가한다. 이는 진동의 중심으로부터 작용하는 힘이 있어서 추가 밖으로 벗어나려는 것을 중심으로 당기는 힘이 작용하는 것처럼 보이며 이를 '복원력'이라고 한다. 복원력은 항상 추가 움직이는 중심 방향으로 작용하며 진동의 중심에서 멀어질수록 그 힘이 커진다.

ᄅ. 원운동의 그림자

일반적인 단진동의 정의는 원운동의 그림자 운동이다. 어떠한 물체가 등속 원운동하고 있다고 가정하자. 이 물체를 한쪽 방향에서 보면 좌우로 왕복 운동한다는 것을 알 수 있다. 이 방향에서는 앞뒤가 구별이 안 되기 때문이다.

어떤 물체 P가 반경 A인 원 주위를 따라 시계 반대 방향으로 가속도 ω로 등속 원운동한다고 할 때 t초 후에는 ωt만큼 회전할 것이고, 이 물체의 원점으로부터의 거리 $x = A\sin\omega t$이고 거리를 시간으로 나누면(미분하면) 속도가 되므로 속도 $v = x' = A\omega\cos\omega t$이며, 속도를 시간으로 나누면(미분하면) 가속도가 되므로 가속도 $a = v' = -A\omega^2\sin\omega t = -\omega^2 x$ 가 된다.

따라서 단진동을 일으키는 힘은 가속도에다 추의 질량을 곱해야 한다. 이때 복원력 $F = ma = -m\omega^2 x$가 된다. 이

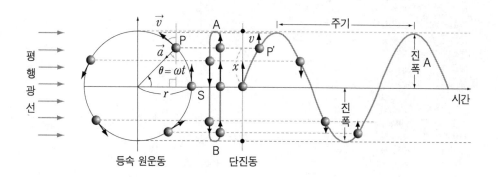

복원력의 크기는 변위에 비례하고 방향은 변위와 반대 방향임을 알 수 있다.

3. 단 진 자

단진동에 대한 일반식을 가지고 진자의 등시성을 설명해 보기로 하자. 램프를 흔들리게 하는 복원력은 램프에 작용하는 중력의 진동 중심 방향 성분이며 이는 램프의 질량을 m, 진자의 길이를 l이라 할 때 진폭이 충분히 작다는 전제하에서 복원력 $F = -mgx/l$이고 이것이 복원력의 일반식 $-m\omega^2 x$와 같아야 하므로 $\omega^2 = g/l$이다.

▮ 가장 간단한 진자 ▮

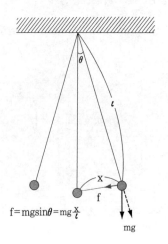

$$f = mg\sin\theta = mg\frac{x}{l}$$

$\omega = 2\pi / T$ 이므로 주기 $T = 2\pi(l/g)^{1/2}$ 이다. 그러므로 진

자의 주기는 추의 질량 m 과 진폭 x 에 무관하며 추의 길이와

주기
진폭이 작을 때 근사
값으로서의 주기.

중력가속도만이 관계가 있다. 추의 길이가 4배가 되면 주기
는 2배가 되어 느려지고, 추의 길이가 10배가 되면 주기는
약 3배가 되어 더욱 느려진다. 그리고 중력가속도가 4배가
되면 주기는 반으로 줄어 두 배로 빨라지며, 중력이 지구의
1/6인 달에서는 주기가 약 2.5배가 길어지므로 추시계를 달
에 가져가면 시간이 같은 정도로 느리게 갈 것이다.

4. 용수철진자

한편 용수철을 당겨놓으면 단진동 운동을 하는데 이처럼
단진동시키는 힘은 용수철에 작용하는 복원력이다. 용수철은
처음에 당길 때는 별로 힘이 들지 않지만 많이 늘어날수록 점
점 더 힘이 든다. 이것이 후크의 법칙이다. 이를 좀더 유식하
게 표현하면 '용수철에 작용하는 힘은 용수철의 변형된 길이
에 비례한다.' 가 되고, 이를 수학적으로 표현하면 $F = -kx$
가 되므로 변위에 비례하는 힘이 반대로 작용한다는 복원력
의 일반식을 만족한다. 여기에서 k 는 용수철 상수로서 용수
철의 상태에 따라 달라지는 상수이다. 용수철이 빡빡할 때는
k값이 크고, 느슨할 때는 작게 나타난다.

용수철 상수가 k인 용수철에 질량 m인 추를 달아 살짝 움직였다 놓으면 용수철의 복원력에 의해 단진동 운동하게 되고 복원력 $F = -kx = -m\omega^2 x$에서 $\omega^2 = k/m$이다. 따라서 용수철진자의 주기 $T = 2\pi/\omega = 2\pi(m/k)^{1/2}$이므로 역시 진폭에 무관하며 질량과 용수철의 탄성계수에 관계가 있다. 질량이 4배가 되면 주기가 2배가 되어 느려지고, 용수철의 탄성계수가 4배가 되면 주기가 반으로 줄어 진자는 두 배나 빠르게 운동한다.

5. 지구를 관통하는 굴 속에 돌을 떨어뜨리면?

➜ 지구를 관통하는 우물에서 물체의 운동에 대한 공상을 한 사람으로는 18세기 프랑스 수학자 모페르튀이와 철학자 볼테르가 있다.

땅을 파고 또 파고 계속 파들어가면 지구는 둥글기 때문에 마침내 지구의 반대편으로 뚫고 나올 것이다. 서울에서 그런

작업을 했다면 서울의 반대쪽인 남아메리카의 아르헨티나로 뚫고 나온다.

만약 바닥이 없는 우물에 돌을 떨어뜨리면 그 돌은 어떤 운동을 할 것인가? 바닥이 없으니까 아래로 쭉 빠져버릴까? 그렇지 않다. 지구의 중력에 의해 돌이 떨어지는데 중력은 지구의 중심 방향이다. 따라서 지구의 중심까지는 돌의 속력이 점점 빨라지다가 대략 8km/s의 속력으로 중심을 지나면 속력이 점점 줄어들게 된다. 지구의 중심으로 갈 때는 중력과 같은 방향이 되어 속력이 증가하지만, 중심을 통과하면 중력과 반대 방향이 되어 속력이 감소해 지구의 반대편 표면에 왔을 때 속력이 0이 된다.

그 돌을 그대로 두면 다시 아래로 낙하하기 시작하여 중심을 통과, 원래 위치로 돌아올 것이며, 공기의 저항이 없다면 그와 같은 왕복 운동을 끝없이 반복할 것이다.

그러면 공기의 저항이 있는 경우에는 어떻게 될까? 천장에 매달린 추가 시간이 지남에 따라 진동의 폭이 점점 줄어 마침내 정지하는 것처럼 바닥이 없는 우물에서 왕복 운동하는 돌도 공기의 저항 때문에 진동의 폭이 줄어들어 결국은 지구의 중심에서 정지하게 될 것이다.

이 돌의 운동이 단진동 운동의 여러 조건을 만족하는 것처럼 보이는데 복원력을 구하여 복원력의 일반식과 비교해 보자. 이 돌을 왕복 운동하게 하는 힘은 명백히 지구의 중력이

깜짝과학상식

▌ 지구는 왜 둥글까?

중력으로 서로 끌어당기는 물질들은 가능한 한 서로 가까이 다가가려고 한다. 다른 장애물이 없고, 물질이 충분히 가변적이라면, 구형은 이것이 가능한 가장 좋은 형태이다. 그러나 엄격히 말하자면 지구는 구형이 아니다. 지구는 극축을 중심으로 약간 찌그러져 있다. 극 사이의 지름은 적도 지름보다 약 50km 정도 짧다.

다. 돌이 지구의 표면에 있을 때는 지구의 모든 질량이 이 돌을 당기는 데 영향을 미칠 테지만 돌이 땅 속에 들어갈수록 돌을 당기는 데 영향을 주는 지구의 질량은 줄어든다. 구체적으로는 돌의 아래쪽에 있는 지구의 질량만이 돌을 당기는 데 기여하기 때문에, 돌이 지구 중심으로 접근할수록 당기는 힘은 점점 줄어들고 중심에 도달하면 당기는 힘은 0이 된다.

지구의 반경을 R, 질량을 M이라 하고 이 돌이 지구의 중심에서 x만큼 떨어져 있을 경우 이 돌에 작용하는 만유인력은 반경이 x인 질량만 이 돌에 중력을 미친다. 지구의 질량이 균일하다면 질량은 부피에 비례하고 구의 부피는 반경의 세제곱에 비례하므로 반경이 x인 구의 질량은 $(x/R)^3$M이다. 따라서 이 돌에 작용하는 중력은 만유인력의 법칙에 의해 $(GmM/R^3)x$가 되어 복원력의 일반식을 만족한다.

복원력 $m\omega^2 x = (\dfrac{GmM}{R^3})x$ 이므로 $\omega^2 = \dfrac{GM}{R^3}$ 이다. 따라서 주기 $T = 2\pi R(\dfrac{R}{GM})^{1/2}$ 이 되고 원주율 $\pi=3.14$, 지구 반경 $R = 6.4 \times 10^6$m, 만유인력상수 $G = 6.7 \times 10^{-11}$N · m^2/kg^2, 지구의 질량 M$= 6 \times 10^{24}$kg을 대입하면 주기 T는 약 5000초, 1시간 24분이 된다. 즉 바닥이 없는 우물에 돌을 떨어뜨리면 지구의 반대쪽으로 가는 데 약 42분이 걸리고 다시 42분이 지나면 원래의 위치로 돌아온다.

흥미 있는 사실은, 주기에 영향을 주는 요소가 지구의 질량과 반경인 것 같으나 사실은 지구의 밀도에만 관계 있다는 것이다. $\omega^2 = \dfrac{GM}{R^3}$ 에서 지구의 부피는 $\dfrac{4\pi R^3}{3}$ 이므로 지구의 밀도를 ρ라고 할 때 밀도는 질량을 부피로 나누어 $\rho = \dfrac{3M}{4\pi R^3}$ 이므로 $\dfrac{M}{R^3} = \dfrac{4\pi\rho}{3}$ 이어서 천체의 질량이 작으나 크나에 관계없이 오직 밀도만이 주기에 영향을 준다.

목성과 토성에 똑같은 굴을 팠다면 목성이 토성보다 훨씬 크지만 토성의 밀도보다 목성의 밀도가 커서 주기는 더 짧을 것이다.

그런데 이 모든 계산은 공기의 저항이 없고, 지구가 자전하지 않는 균일한 밀도의 완전한 구(球)라는 것을 전제로 한다. 실제는 공기의 저항에 의해서 떨어진 만큼 올라갈 수 없으므로 지구의 반대편 훨씬 못 미친 곳에서 되돌아오게 될 것이고 시간도 더 걸릴 것이다. 또 지구의 자전은 지구상에 있는 모든 물체를 같은 가속도로 서에서 동으로 이동시키기 때문에 낙하하는 물체가 지구의 중심으로 접근함에 따라서 동쪽 벽에 부딪히면서 낙하하게 할 것이다.

생각할 문제

만약 신의주와 부산을 그림과 같이 기하학적인 최단거리로

깜짝과학상식

┃ 토성의 띠는 무엇으로 구성되어 있을까?

망원경으로 보이는 토성의 장엄한 띠는 매력적인 광경을 제공한다. 이 띠는 태양빛을 반사하는 얼음 조각들로 구성되어 있다. 과거에는 이 띠를 인식할 수 없었는데, 왜냐하면 이 띠의 지름이 27만5천km인 데 반해 두께는 겨우 1km이기 때문이다.

터널을 뚫고 지하철을 건설한다면 어떤 것들을 고려해야 하는지 생각해 보자.

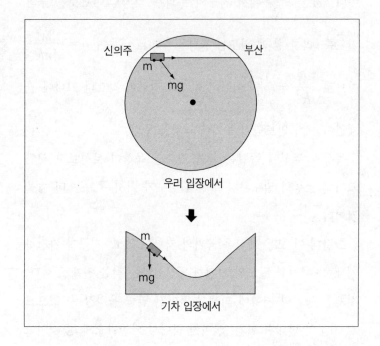

|해설| 이러한 터널을 만들 수만 있다면 이 터널에서 달리는 기차는 동력이 필요없을 것이다. 우리가 보면 직선코스인 것 같으나 기차의 입장에서는 터널의 중간까지는 내리막길이고, 중간을 통과한 직후에는 오르막길이다.

내리막의 경사와 길이가 오르막의 경사와 길이가 같기 때문에 공기의 마찰만 무시하면 이 기차는 두 도시를 왕복 운동하게 될 것이다. 그러나 실제로는 공기의 저항이 있으므로 그 저항으로

인한 에너지의 손실분을 보충해 주어야 한다. 그렇게 된다면 상당히 효율적으로 물자와 인원을 수송할 수 있게 된다.

이 터널을 통해 서울에서 신의주 쪽으로 직접 빛을 보낼 수도 있지만 터널 내부에서 새는 물은 터널 가운데로 흘러 터널 가운데 공간을 막을 가능성이 있으므로 방수에 신경을 써서 설계해야 한다.

케플러와 뉴턴

읽기 전에

독일의 천문학자 케플러는 스승 브라 헤가 관측한 행성의 운동에 관한 자료를 분석하여 타원 궤도의 법칙, 면적 속도 일정의 법칙, 그리고 조화의 법칙을 발표하였다. 이를 케플러의 법칙이라 하며, 뉴턴이 만유인력의 법칙을 발견하는 데 결정적인 공헌을 하였다. 천문학의 위대한 두 인물이 발견한 법칙에 대해 알아보자.

1. 케플러의 법칙

케플러는 스승인 브라헤가 일생 동안 행성을 관측해서 얻은 자료들을 정리하여 행성의 운동에 대한 다음과 같은 법칙을 발표하였다.

(1) 타원 궤도의 법칙

모든 행성은 태양을 한 초점으로 하는 타원 궤도를 그리면서 운동한다. 타원이란 두 초점으로부터의 거리의 합이 같은 점들의 자취이다.

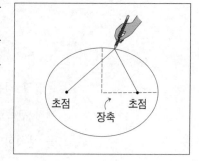

(2) 면적 속도 일정의 법칙

태양과 행성을 연결하는 선분이 같은 시간 동안 그리는 면적은 항상 일정하다.

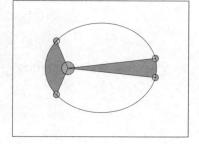

(3) 조화의 법칙

행성의 공전주기 T의 제 곱은 타원궤도의 긴 반지름의 세제곱에 비례한다.

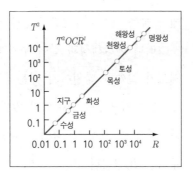

밤하늘에 보이는 수많은 별들은 대부분 태양과 같이 스스로 빛을 내는 항성 (star)들이다. 이에 반해 금성이나 화성과 같이 스스로 빛을 내지 못하고 달처럼 햇빛을 반사함으로써 우리가 볼 수 있는 별이 행성(planet)이다. 따라서 행성은 태양과 지구가 있는 위치의 변화에 의하여 반달이나 초승달 또는 보름달처럼 그 위상이 달라 보일 수 있다.

타원에는 일반적으로 두 개의 초점이 있는데 그 두 개의 초점 중 한 곳에 태양이 있고 행성은 그 타원의 원주를 움직인다는 것이 케플러의 제1법칙이다. 두 개의 초점 사이의 간격이 넓으면 길쭉한 타원이고 간격이 좁으면 원에 가까운 타원이 되며 두 개의 초점이 겹치면 원이 된다. 따라서 원도 타원의 일종이므로 원운동도 행성운동에 포함된다.

우리가 알고 있는 수성·금성·지구·화성·목성·토성·천왕성·해왕성·명왕성 중에서 가장 긴 타원궤도를 도는 것이 수성인데, 수성도 긴 반지름이 짧은 반지름보다 2% 정도보다 길지 않다고 한다. 따라서 정밀한 계산이 아니라면 행성의 운동은 원운동이라고 가정해도 상관없다.

그러나 헨리혜성과 같이 주기적으로 출현하는 혜성들은 그 궤도가 길쭉한 타원이기 때문에 태양에서 멀어진 곳을 통과할 때는 지구에서 관측되지 않다가 태양에 가까워지면 보인다. 혜성 중 가장 잘 알려진 혜성이 헨리혜성으로 이 혜성의 주기는 76년이다.

행성이 태양에서 먼 곳을 통과할 때는 속도가 느리고 가까운 곳을 통과할 때는 속도가 빨라서 같은 시간 동안 쓸고 지나가는 면적이 같다는 것이 케플러의 제2법칙이다.

놀이동산에서 볼 수 있는 엔진 없이 공간을 움직이는 놀이기구는 높은 곳을 지날 때는 속도가 느리고 낮은 곳을 지날 때는 속도가 빠르다. 운동 에너지와 위치 에너지의 합을 역학적 에너지라고 하는데 엔진 없이 움직이는 놀이기구는 마찰이 작용하지 않는 한 그 역학적 에너지가 보존되어야 한다. 따라서 높은 곳은 위치 에너지가 큰 대신 운동 에너지가 작아야 하고 낮은 곳은 위치 에너지가 작은 대신 운동 에너지가 커야 한다.

따라서 태양에서 멀리 떨어진 곳을 지날 때는 태양의 중력에 대한 위치 에너지가 크므로 운동 에너지가 작아야 하고 속도가 줄어든다. 반면에 태양과 가까운 곳을 지날 때는 위치 에너지가 작아지므로 운동 에너지가 커져서 속도가 증가한다. 이와 같은 현상이 기하학적으로는 '면적 속도가 일정하다.' 라는 것으로 나타난다. 물론 원운동에 있어서는 태양으로부터의 거리가 일정하기 때문에 위치 에너지와 운동 에너지가 어느 위치에서나 같아서 속력은 일정하다.

행성이 태양을 한 바퀴 도는 데 걸리는 시간의 제곱은 행성 궤도 반경의 세제곱에 비례한다는 것이 케플러의 제3법칙인데, 여기에 원운동의 일반적인 성질을 결합시키면 만유인력의 법칙이 유도된다. 그러므로 케플러의 제3법칙 속에 뉴턴의 만유인력의 법칙이 숨어 있다는 말이다.

뉴턴이 사과가 떨어지는 것을 보고 만유인력의 법칙을 발견했다는 것은 아마도 소설가의 재미있는 추측일 가능성이 크다.

이제 원운동의 조건들을 알아보고 그 원운동과 조화의 법칙에서 어떻게 만유인력의 법칙이 되는지를 유도해 보자.

ㄹ. 등속 원운동

일정한 속력으로 원주 위를 돌고 있는 물체의 운동을 등속 원운동이라고 한다. 등속으로 움직인다고 해서 속도가 변하지 않는다는 것이 아니다. 속력은 일정하다고 해도 속력의 방향이 시시각각 변하므로 속도는 일정하지 않다. 속력은 속도

스칼라량
부피, 질량처럼 크기
만 갖는 물리량.

벡터량
힘, 속도처럼 크기뿐
아니라 방향까지 갖는
물리량.

의 크기만을 이르는 스칼라량이지만 속도는 속력에 속력의 방향까지 포함하는 벡터량이기 때문이다.

원운동은 속도가 변하는 운동이므로 일종의 가속도 운동이고, 어떤 물체가 가속도 운동을 하기 위해서는 힘이 필요하다. 원운동에 필요한 힘을 구심력이라고 한다. 실에 돌을 매달고 돌릴 경우 실이 팽팽해지는데 이것은 그 실에 작용하는 힘이 구심력이 되어 돌을 원운동시키는 것이다.

■ 구심력 역할을 하는 힘들

원운동을 하는 모든 물체에는 구심력이 작용한다. 구심력이 작용하지 않는 원운동은 없다.

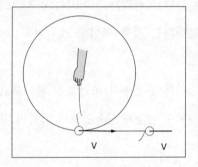

① 실의 장력 : 물체를 실에 매달아 원운동시킬 때의 구심력은 실의 장력이다. 만약 실을 끊어버리면 구심력인 실의 장력이 사라지므로 원운동을 할 수 없다.

② 마찰력 : 자동차가 커브길을 돌아갈 때의 구심력은 마찰력이다. 마찰력이 전혀 없는 얼음판에서 자동차는 원운동을 할 수 없다.

③ 만유인력 : 지구 주위를 원운동하는 달이나 인공위성에 작용하는 구심력은 만유인력이다.

④ 전기력 : 원자핵 주위를 도는 전자의 운동은 전기력이 구심력 역할을 한다.

물체가 원을 한 바퀴 도는 데 걸리는 시간을 주기(T)라고 하며, 1초 동안 회전하는 횟수를 진동수(f)라고 한다. 진동수가 10인 원운동의 주기는 0.1이고 주기가 2인 원운동의 진동수는 0.5이다. 일반적으로 진동수와 주기는 역수의 관계에 있다.

1초 동안에 돌아가는 각도를 가속도(ω)라 하며 1초에 움직이는 길이를 선속도(v)라고 한다. 따라서 각 속도를 주기로 표시하면 T초에 2π만큼 돌아가므로 $v = 2\pi r / T$이고, 선속도 $v = 2\pi r / T$이므로 $v = r\omega$이다.

등속 원운동이라도 속력의 방향이 일정하게 변하므로 순간 순간의 가속도는 속도의 변화를 시간으로 나누면 된다. 즉 가속도 a=dv/dt이고, 속도의 변화 dv=$v_2 - v_1$인데 시간 간격이 극히 작은 순간에는 호의 길이와 현의 길이가 같으므로 그 값이 $vd\theta$와 같다. 따라서 가속도 $a = vd\theta/dt = v\omega$이며, 여기에 $v = r\omega$ 관계를 대입하면 $a = r\omega^2 = \dfrac{v^2}{r}$ 이다.

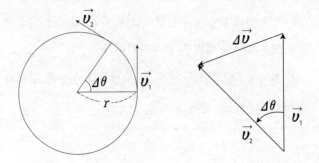

그 가속도의 방향은 시간을 작게 취할수록 속력에 직각 방향으로 접근하여 회전각을 극단적으로 작게 할 경우 가속도는 완전히 속력의 직각 방향이다.

어떤 물체가 가속도 운동을 하기 위해서는 반드시 힘이 필요하다. 그 힘이 클수록 가속도가 커진다는 것이 바로 뉴턴의 운동 제2법칙이다. 힘의 정의가 바로 '물체의 운동 상태를 변화시키는 원인' 즉 가속도를 내게 하는 원인이다. 따라서 물체가 가속도 운동한다는 것은 그 방향으로 힘이 작용한다는 것을 뜻한다.

등속 원운동의 가속도를 만드는 힘을 구심력이라 하고 이는 항상 원의 중심을 향하며 그 크기는 뉴턴의 운동 제2법칙에 의해 다음과 같이 쓸 수 있다.

$$f = ma = mr\omega^2 = \frac{mv^2}{r} = mr(\frac{2\pi}{T})^2$$

행성으로 하여금 원운동하게 하는 구심력은 태양의 중력인

데, 그 중력의 형태가 어떠할 것인가는 구심력의 일반형에 조화의 법칙을 대입하면 얻어진다. 즉 케플러의 제3법칙에 의하면 $T^2 \propto r^3$이므로 이것을 등식으로 표시하면 $T^2 = kr^3$이라고 쓸 수 있다. 이를 위 식에 대입하면 다음과 같다.

$$f = 4\pi \frac{2mr}{kr^3} = 4\pi \frac{2m}{kr^2}$$

이 식은 구심력이 거리의 제곱에 반비례하고 행성의 질량에 비례해야 한다는 것을 보여 주고 있다.

그러나 행성 입장에서 보면 태양이 구심력을 받아서 원운동하는 것이기 때문에 구심력은 태양의 질량에도 비례하는 형태여야 할 것이다.

태양의 질량이 행성의 질량보다 상대적으로 훨씬 크기 때문에 태양은 가만히 있고 행성이 태양 둘레를 원운동하는 것처럼 보이는데, 만약 행성의 질량이 태양과 비슷하다면 두 천체가 물리적으로 같은 입장이기 때문에 굳이 행성이 태양 둘레를 돈다고 말할 수 없다.

일반적으로 질량이 다르더라도 작용 - 반작용의 법칙에 의하면 태양이 행성을 당기는 만큼 행성도 태양을 당겨야 한다. 따라서 그 둘 사이에 작용하는 힘은 거리의 제곱에 반비례하고 두 천체의 질량에 비례해야 한다는 것을 유추할 수 있다.

이를 식으로 표시하여 태양과 행성뿐만 아니라 모든 물체로 확대한 것이 바로 만유인력의 법칙이고 그 식은 다음과 같

깜짝과학상식

┃ 질량 중심

지구가 태양을 중심으로 원운동한다고 생각할 수 있는 것은 태양의 질량이 지구의 질량에 비해서 대단히 크기 때문이다. 달과 지구 정도의 질량 차이라면 질량 중심은 지구의 밖에 있게 되며 달과 지구는 이 질량 중심을 중심으로 원운동한다.

다.

$$f = G\frac{m_1 m_2}{r^2}, \quad G = \text{만유인력 상수}$$

3. 인공위성

태양의 중력을 구심력으로 하여 원운동하는 천체를 행성이라 한다면 지구의 중력을 구심력으로 하여 원운동하는 것을 위성이라고 한다. 우리 지구는 천연의 위성인 달과 인간이 만든 달인 여러 인공위성을 가지고 있다.

달의 운동도 행성과 같은 원리로 움직이는 것이므로 케플러의 세 가지 법칙을 만족시키면서 운동해야 한다. 즉 지상 h의 높이에서 v의 속력으로 운동하는 인공위성에 작용하는 만유인력이 구심력이므로 지구의 질량을 M, 반경을 R이라 할 때는 다음과 같은 식을 만족한다.

$$\frac{mv^2}{R+h} = m(R+h)\omega^2 = m(R+h)(2\pi/T)^2 = \frac{GmM}{(R+h)^2}$$

따라서 이 인공위성의 주기 $T = \dfrac{2\pi(R+h)^{3/2}}{(GM)^{1/2}}$ 이 되고 만약 지구의 표면을 스치듯이 움직이는 인공위성이 있다면 h가 0인 경우이므로 주기 $T = 2\pi(\dfrac{R^3}{GM})^{1/2}$ 이 되는데 여기에 실제의 값을 대입하면 약 1시간 24분이 나와 지구를 관통하는 터널에서 단진동하는 물체의 주기와 같다. 지구의 자전주기는 24시간이므로 지구가 한 바퀴 돌 때 이 인공위성은 약 17.3바퀴를 돈다.

인공위성의 원리 : 돌을 던지면 곧 땅에 떨어진다. 좀더 빠르게 던지면 좀더 멀리 가서 땅에 떨어지는데, 이렇게 속도를 증가시키다 보면 땅에 떨어지지 않고 계속 돌 수 있다.

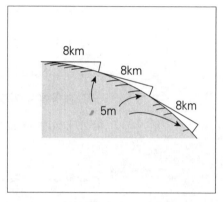

8km/s로 던졌을 때 아래로 5m 떨어지면 돌은 땅에 떨어지지 않는다.

지구의 자전주기와 같은 주기를 갖는 인공위성은 우리가 보기에 하늘에 정지해 있는 것처럼 보이는데 이런 위성을 정지위성이라고 한다. 정지위성의 주기는 24시간이어야 하므로 위 식에서 T를 86,400초로 만드는 인공위성의 고도 h=360,000km로 지구 반경의 약 5.6배의 고도에 해당한다. 이러한 위성은 지상에서 볼 때 한 곳에 고정되어 있으므로 통신용으로 적당하다.

　지구와 태양까지의 거리는 약 1억5천만 킬로미터로 1AU
라고 한다. 또 공전주기는 365일로 1년이라고 한다. 한편 헨
리혜성의 주기는 76년이다. 케플러의 제3법칙을 이용하여
헬리혜성 궤도의 장반경을 구하라.

　또 태양에서 가장 가깝게 접근할 때의 거리가 6AU라면 태
양에서 가장 멀 때의 거리를 구하면?

| 해 설 |　주기의 제곱이 행성의 장반경에 비례하므로 주
기를 '년'으로 반경을 'AU'로 쓸 경우 비례상수를 1로 할 수
있다.

　따라서 반경 $R = (76 \times 76)^{1/3} = 18AU$. 태양에서 가장 가
까울 때와 가장 멀 때의 거리를 더하면 장반경의 두 배가 되므로
36AU - 6AU = 30AU이다.

열과 온도

분자 운동이 활발하면 할수록 물체는 뜨겁다. 모든 물체에 온도가 있다는 것은 물체를 만드는 분자들이 끊임없이 운동하고 있다는 것을 의미한다. 그러나 이 운동이 전혀 없을 때의 온도를 절대 0도라고 한다.

1. 옛 사람들은 왜 물체가 뜨겁다고 생각했을까?

우리 주위의 물체들을 보면 어떤 것은 뜨겁고 어떤 것은 차갑다. 뜨겁고 찬 정도를 우리는 온도로 정확히 표현할 수 있다. 그러면 어떤 것이 뜨거운 물체이고 어떤 것이 차가운 물체일까?

옛날 사람들은, 물체가 뜨거운 것은 모든 물체 속에 '열소'라는 아주 가벼운 원소가 있어서 이 열소를 많이 가지고 있는 물체는 뜨겁고, 이것을 조금 가지고 있는 물체는 차갑다고 생각했다. 그래서 찬 물체와 더운 물체를 접촉시키면 뜨거운 물체에서 찬 물체로 열소가 이동하기 때문에 두 물체의 온도가 같아지는 것이라고 믿었다. 그 당시 과학자들은 열소를 찾기 위해 열심히 노력했으나 실제로 발견할 수는 없었다.

한참 후에 과학자들이 밝힌 열의 본질은, 열이라는 것이 어떠한 물질의 상태로 존재하는 것이 아니고 단지 물질을 이루는 작은 알갱이(원자나 분자)들의 운동 상태의 차이라고 밝혔다. 분자들의 운동이 활발하면 할수록 뜨거운 물체이며, 분자들의 운동이 느리면 차가운 물체라는 것이다.

그래서 모든 물체는 자기 온도에 해당되는 분자들의 운동이 있으며, 우리 몸은 36.5℃이므로 우리 몸을 이루는 분자들도 이 온도에 해당하는 운동을 하고 있는 것이다. 망치질을 하다가 잘못하여 손가락을 때리면 손가락이 얼얼하고, 바느

질을 하다가 손가락을 찔리면 따끔하다. 이렇게 손가락에 주는 자극의 종류에 따라서 느낌이 다른데, 뜨거운 물이 뜨겁게 느껴지는 것은 손가락을 이루는 분자들의 운동보다 물분자들의 운동이 더 빠르기 때문에 손가락을 이루는 분자들이 물분자들한테 맞기 때문이다. 이때 우리는 뜨겁다고 느낀다.

찬물과 더운물을 섞으면 미지근한 물이 되는데, 그 이유는 더운 물의 물분자들의 속도는 빠르고 찬물의 물분자들의 속도는 느린데, 속도가 빠른 분자들과 속도가 느린 분자들이 충돌하면 빠른 것은 느려지고 느린 것은 빨라져서 나중에는 속도가 비슷하게 되기 때문이다. 그러므로 모든 물체에 온도가 있다는 것은 물체를 만드는 분자들이 끊임없이 운동하고 있다는 것이다.

그러면 움직여주는 힘이 없어도 분자가 끊임없이 운동할 수 있는가? 실제로 교실에서 공을 힘껏 튀기면 여기저기 튀다가 결국은 멈추게 되는데, 그 이유는 무엇일까? 그것은 공이 움직이면서 받을 수밖에 없는 마찰 때문이다. 공기와의 마찰, 벽에 닿을 때의 마찰, 튀길 때 나는 소리 등 이런 것들이 모두 공을 서게 하는 요인이 된다.

그러나 분자들이 운동하는 공간에는 공기가 없다. 공기도 분자로 이루어졌기 때문에 분자와 분자 사이에는 아무것도 없다. 가능성이 있는 일이란 오직 저희들끼리 부딪치는 일뿐인데 분자들끼리 부딪치는 것은 완전 탄성 충돌이기 때문에 속도가 줄어들지 않는다. 분자들이 야단법석 부딪치리라고 예상되는데도 전혀 소리가 나지 않는 것으로 보아 마찰이 전혀 없다는 것을 알 수 있다. 마찰이 없는 곳에서 한번 가진 속도는 다른 입자의 속도를 그만큼 빠르게 하지 않고는 속도가 줄어들지 않는다.

큰 물체가 운동하는데 작은 물체가 앞을 가로막아서 큰 물체의 운동 에너지가 작은 물체들의 운동 에너지로 바뀌는 현상이 바로 마찰이므로 분자 수준에서는 마찰이라는 말 자체가 성립되지 않는다. 이러한 현상이 우리에게는 큰 물체가 마찰을 받아서 속력이 줄어들고 주위에 열이 발생하는 것으로 보이는 것이다. 물질의 가장 작은 단위인 분자나 원자들끼리도 물론 충돌이 일어날 수 있고 현재에도 수없이 일어나고 있지만 충돌 후에는 열도 발생하지 않고 소리도 나지 않으며 운동 에너지는 항상 보존된다.

➔ 날씨가 더울 때 수은주가 올라가는 이유는 분자들의 운동이 활발해서 분자들이 차지하는 공간이 커지기 때문이다.

차가운 물수건을 머리에 얹어 뜨거운 머리를 식히는 것은 찬물의 분자가 머리를 이루는 분자의 운동을 빼앗아 대신 자신의 운동을 증대시킴으로써 머리를 식히는 것이다.

결론적으로 말해서, 열이란 어떠한 물질이 아니고 모든 물질을 이루는 입자들의 운동 에너지의 합이며, 온도는 그 운동이 얼마나 활발한가 하는 정도를 나타낸다.

ㄹ. 물로 온도계를 만들 수 없는 이유는?

날씨가 더우면 왜 수은주가 올라갈까? 수은은 온도가 높아지면 올라가는 성질이 있는 것인가? 아니다. 그것은 수은 분자들의 운동이 빨라짐에 따라서 부피가 늘어나고, 늘어날 수있는 여지가 위쪽밖에 없으므로 할 수 없이 올라가게 되는 것이다. 따라서 수은주가 높이 올라갈수록 부피가 많이 늘어나고 온도는 높다고 말할 수 있다.

수은주의 높이에 대한 눈금 매기는 방법에 따라 세 가지 온도로 구분할 수 있다. 우리가 일상 생활에서 쓰는 온도인 섭씨온도, 미국 사람들이 사용하는 화씨온도, 과학자들이 자연현상을 탐구할 때 쓰는 절대온도가 그것이다.

각각의 온도계를 만드는 과정은 다음과 같다.

가는 유리관 대롱에 수은이나 알코올을 채운 다음 물에 넣

깜짝과학상식

▌얼음굴 안이 따뜻한 이유는?
물도 공기처럼 열전도율이 높은 편이 아니다. 특히 얼음이나 눈의 형태로 결빙되었을 때 더욱 그렇다. 따라서 매우 추울 때 얼음으로 된 지붕은 오히려 식물을 얼지 않게 보호해 준다.
눈이 많이 쌓인 곳의 동굴은 그것이 잘 만들어지기만 했다면, 길을 잃은 사람이 동사하지 않도록 해줄 수 있다. 얼음은 차지만 열을 전도하지는 않는다. 그래서 얼음 동굴의 벽이 동굴 밖의 추위를 막아 인간의 체온을 유지시켜 준다. 그리고 그 안의 온도도 영하로 내려가지 않는다.

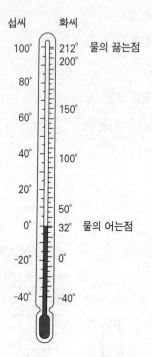

섭씨   화씨

100°   212°   물의 끓는점
        200°

80°

60°   150°

40°   100°

20°

        50°

0°   32°   물의 어는점

-20°   0°

-40°   -40°

고 알코올 램프로 가열하면 물이 점점 뜨거워지고 수은주는 올라간다. 끓기 시작하면 수은주의 높이에 변동이 없는데, 이때의 온도를 '끓는점'이라고 하며, 여기에 표시를 한다. 가열을 중단하면 물이 식고 수은주는 내려간다. 충분히 식었을 때 얼음을 넣으면 다시 수은주의 높이에 변동이 없는 곳이 생기는데 이 때의 온도가 '어는점'이다. 여기에도 표시를 하고 물이 끓을 때 표시한 곳과의 길이를 재서 100으로 나눈 값을 한 눈금으로 하여 0부터 눈금을 매기면 섭씨온도계가 되고, 273부터 눈금을 매기면 절대온도계가 된다. 또 녹는점과 끓는점 사이를 180으로 나누어 한 눈금으로 하고 32부터 눈금을 매기면 끓는점의 온도가 212도가 되는데 이렇게 눈금을 매긴 것이 화씨온도이다.

따라서 화씨온도가 섭씨온도보다 눈금이 촘촘하게 표시되고 같은 온도라도 섭씨온도보다 화씨온도가 숫자가 많이 나오게 된다. 미국 방송의 일기예보에 나타나는, 터무니없이 높은 온도는 화씨온도로 나타냈기 때문에 그런 것이다.

그렇다면 섭씨 50도는 화씨로 몇 도가 될까?

화씨온도는 0부터 시작하는 것이 아니라 32부터 시작하기 때문에, 눈금수의 반이라고 해서 90도라고 하면 안 된다. 섭씨 50도는 수은주가 물의 끓는점과 어는점의 중간에 있다는 것이므로 화씨로는 180의 반인 90눈금만큼 올라갔을 것이고, 화씨는 32부터 시작하기 때문에 90에다 32를 더하면 122도가 된다.

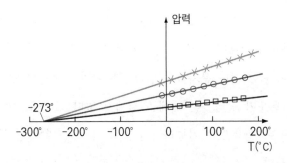

일반적으로 섭씨온도를 화씨로 고치려면 화씨온도는 섭씨온도 1도 올라가는 데 1.8도가 올라가므로 섭씨온도에다 1.8을 곱해서 32를 더하면 되고, 반대로 화씨온도를 섭씨온도로 고치려면 화씨온도에서 32를 뺀 다음 1.8로 나눈다.

온도라는 것은 분자들이 운동하는 정도를 나타내므로 온도가 내려가는 것은 분자들의 운동이 줄어드는 것을 의미하는데, 모든 분자들의 운동이 전혀 없을 때의 온도가 바로 섭씨 영하 273도라는 것이 밝혀졌다. 따라서 섭씨 영하 273도 이하의 온도는 있을 수 없다. 그래서 켈빈이라는 과학자는 여기를 0도로 잡아 절대온도를 만들었는데 섭씨 0도는 자연히 절대온도 273도가 된다.

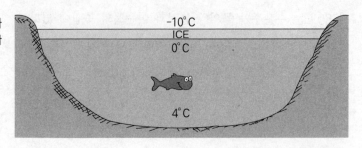

➔ 바닥에는 밀도가 가장 큰 4℃의 물이 가라앉아 있다.

아무리 과학 기술이 발달한다고 해도 온도가 내려가는 데에는 한계가 있으며 그것이 -273℃이고 이 온도가 절대온도로 0K이다. 그러나 분자들은 얼마든지 활발히 운동할 수 있으므로 온도가 올라가는 데에는 한계가 없다. 삼천도, 육천도, 삼억도, 백억도는 가능하지만 영하 삼백도, 영하 천도는 불가능하다.

그러면 온도계에 수은이나 알코올 대신 물을 쓰면 어떻게 될까?

물의 부피는 온도가 높아짐에 따라 일정한 비율로 팽창하지 않는다. 더구나 4℃일 때의 부피가 제일 작아서 만약 물로 온도계를 만들면 4℃에서의 높이가 제일 낮게 되고 온도가 더 낮아지면 물의 높이가 오히려 올라가기 때문에 4℃보다 높은 온도와 낮은 온도의 눈금이 겹치게 된다. 따라서 물은 온도계에 쓸 수는 없다. 그러나 수은이나 알코올은 온도에 따라 거의 일정하게 부피가 늘어나기 때문에 온도계에 쓰는 것이 가능하다.

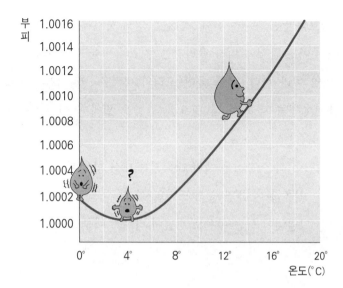

4℃에서 물의 밀도는 최소이다.

3. 쉽게 달아오른 냄비는 쉽게 식는다

열량이라는 것은 실제로 어떠한 물질의 양이 아니고 물체를 이루는 분자들의 운동 에너지의 총합을 말하는 추상적인 양이다. 따라서 열량은 분자들이 활발히 움직일수록(온도가 높을수록), 분자들의 개수가 많을수록(질량이 클수록) 많으며, 분자들의 종류와 그 배열 상태(비열)에 따라서도 달라진다.

열량의 단위는 cal(칼로리)를 쓰는데, 1칼로리는 물 1g의 온도를 1℃만큼 높이는 데 필요한 열량으로 정의한다. 따라서 물 100g에 500cal의 열을 주면 그 물의 온도는 5℃만큼 높아진다. 그런데 구리 100g에 500cal의 열을 주었을 때는

5℃보다 온도가 높아진다. 즉 같은 양의 물질에 같은 양의 열을 주어도 물질에 따라 올라가는 온도의 비율이 다른데 이를 '비열'이라 한다. 예를 들어 구리의 비열은 구리 1g의 온도를 1℃만큼 올리는 데 필요한 열량을 말하며 이 값은 약 0.09이다.

비열이 작은 물질은 빨리 더워지는 대신 식을 때도 빨리 식는다. 쇠를 불에 대면 쉽게 뜨거워지는데 물을 데우려면 오랫동안 가열해야 하는 이유도 비열이 다르기 때문이다.

4. 물질의 이동에 의해서 에너지가 전달되는 대류

➡ 시험관 아래쪽에 얼음을 넣고 떠오르지 않게 고정시킨 시험관 입구 쪽을 가열하면 대류가 일어나지 않으므로 열 전달이 잘 안 된다. 이때에는 전도에 의해서만 열이 이동하게 된다. 물은 열을 잘 전도시키지 못하는 물질이므로 위쪽의 물은 끓고 있는데 아래에는 얼음이 그대로 남아 있다.

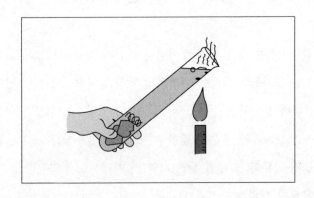

땅의 비열이 물보다 작기 때문에 먼저 뜨거워지고 그 위에 있는 공기가 가벼워져서 하늘로 올라가면 그 빈자리를 메우기 위해 바다에서 공기가 밀려오는데, 그것이 바로 낮에 바다

에서 육지로 부는 바람 해풍이다. 밤에는 바다보다 육지가 먼저 식어서 상대적으로 바다의 온도가 높으므로 육지에서 바다로 공기가 밀려가는데, 그것이 밤에 육지에서 바다로 부는 육풍이다.

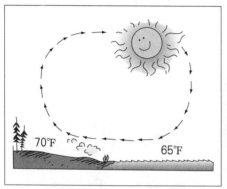 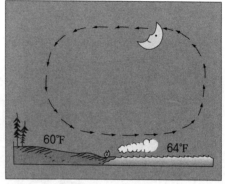

5. 분자들의 운동 에너지가 전달되는 전도

열을 준다는 것은 분자들의 운동을 빠르게 한다는 뜻이다. 그러기 위해서는 분자의 운동이 빠른 다른 물체(즉 온도가 높은 물체)를 접

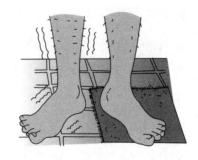

◀ 타일은 전도율이 좋기 때문에 차갑게 느껴지지만 카펫은 전도율이 나빠서 따뜻하게 느껴진다. 타일과 카펫이 같은 온도인데도 불구하고 말이다.

촉시키면 된다. 그러면 분자의 운동이 빠른 물체와 분자의 운동이 느린 물체가 부딪쳐 빠른 것은 느려지고 느린 것은 빨라져서, 속도가 비슷해지면 아무리 부딪쳐도 어느 한쪽이 다른 쪽보다 더 빨라지지 않는다. 이때 두 물체의 온도는 같아진 것이고, 온도가 높은 물체가 온도가 낮은 물체에게 열을 준 것이 되며 이를 '열평형 상태'라고 한다.

➡ 추운 겨울, 밖이 영하의 날씨라도 방 안에서 훈훈하게 지낼 수 있는 이유는 단열재가 열의 이동을 막아주어 방 안의 온도와 밖의 온도에 차이를 주기 때문이다.

뜨거운 물이 시간이 지남에 따라 자연히 식는 것은 물분자들의 운동이 저절로 약해지기 때문이 아니다. 뜨거운 물이 책상 위에 있다고 해서 아무것도 접촉하지 않고 있는 것이 아니라 바닥은 책상 면과 접해 있을 것이고 옆면과 윗면은 눈에 보이지 않는 공기와 접촉해 있을 것이다. 그들은 뜨거운 물보다 온도가 낮기 때문에 물의 열량을 빼앗을 것이므로 시간이 지나면 물이 저절로 식는 것처럼 보인다. 따라서 뜨거운 물을 오래 보존하기 위해서는 모든 면에 닿는 물체를 없앨 필요가

적외선 복사

단열

진공

있는데 실제로 보온병이나 보온도시락은 이중으로 되어 있고 그 가운데는 진공이기 때문에 온도가 오랫동안 보존된다.

보온병에 얼음을 넣어도 얼음이 오랫동안 보존되는 것은 뜨거운 물과 반대로 외부에서 열이 들어오지 못하기 때문이다. 여름철 솜이불 속에 있는 얼음이 밖에 있는 얼음보다 오래 가는 이유도 마찬가지다.

그러나 온도가 다른 물체를 접촉시켜야만 열을 이동시킬 수 있는 것은 아니다. 쇠 같은 것을 망치로 계속 두드리면 쇠를 이루고 있는 입자들이 활발하게 움직여 온도가 높아지는 것으로 느껴지며, 물을 오랫동안 저어 주면 물분자들의 운동이 활발해져 물의 온도가 올라간다.

6. 복 사

태양과 지구 사이에는 아무것도 없는 진공인데도 태양에서 지구로 열이 전달되는데 그것은 분자 운동이 아닌, 빛에 의해 열이 전달되는 것으로 진공중에도 전달된다. 이러한 열을 '복사열'이라고 한다. 보온병의 내부는 거울처럼 빛을 반사하도록 만들어져 있는데 그것은 복사에 의한 열의 방출을 막기 위한 것이다.

생각할문제

온도계는 수은이나 알코올의 온도가 높아지면 그 부피가 팽창하는 것을 이용한 것이다. 수은이나 알코올의 부피가 늘어날 여지가 위쪽밖에 없으므로 온도가 높아지면 수은주가 올라간다. 이때 온도계의 눈금을 정하는 방법에 따라 섭씨온도계 또는 화씨온도계가 된다.

온도계의 수은구를 얼음이 떠 있는 물에 넣을 때 온도계 안의 수은 높이는 얼음이 모두 녹을 때까지 일정하게 되는데 이때의 온도가 물의 녹는점이다. 섭씨온도는 이곳을 0도로 정하고 화씨온도는 32도로 정한다.

수은구를 끓는 물에 넣으면 시간이 지나도 온도계의 수은 높이가 일정하게 유지되는데 이때의 온도가 물의 끓는점이다. 섭씨온도는 여기를 100도로 정하고, 화씨는 212도로 정한다.

다음 중 섭씨온도와 화씨온도에 대한 설명 중 옳은 것이라고 볼 수 없는 것은?

① 섭씨온도보다 화씨온도의 눈금이 더 촘촘하다.

② 1기압, 화씨 200°F에서는 물이 끓지 않는다.

③ 섭씨 50℃는 화씨 90°F 이다.

④ 섭씨 C℃는 화씨 $\frac{9}{5}$C + 32°F이다.

⑤ 화씨 F°F는 섭씨 $\frac{5}{9}$(F−32)℃이다.

 정답 》》》③

| 해 설 | 섭씨 50도는 물의 어는점과 끓는점의 중간까지 수은이 올라갔을 때이므로 화씨로는 눈금이 90 올라간 셈이다. 그러나 화씨온도는 물의 어는점이 0도가 아닌 32도이므로 90 + 32 = 122도가 된다.

섭씨 눈금 100개가 화씨 눈금 180개와 같기 때문에 섭씨 10도 올라갈 때 화씨 18도 올라가고, 섭씨 1도 올라갈 때 화씨 1.8도가 올라간다. 따라서 섭씨 C도가 올라가면 화씨는 1.8C도가 올라가는 셈이고 화씨는 32부터 시작하기 때문에 섭씨 C도는 화씨 1.8C + 32도가 된다.

분자운동과 열

기체의 온도를 한없이 낮추면 부피가 점점 줄어든다는 것이 샤를의 법칙이다. 그렇다면 절대온도 0도에서 기체는 사라질 것인가? 그렇지 않다. 온도가 변해도 질량보존의 법칙은 적용된다.

1. 샤를의 법칙

고체나 액체도 마찬가지지만 기체는 열을 받으면 부피가 늘어난다. 고체나 액체는 물질에 따라 늘어나는 정도가 다르기 때문에 열팽창 계수라는 것이 물질 고유의 특성이 될 수 있다. 그러나 기체는 종류에 관계없이 팽창하는 정도가 일정하다.

즉 모든 기체는 온도가 1℃ 높아지면 0도일 때 부피의 273분의 1씩 팽창하는데 이것을 샤를의 법칙이라 한다. 예를 들어 0℃에서의 부피가 V_0인 기체의 온도를 t℃로 하면 부피 $V = V_0 + V_0 \dfrac{t}{273} = V_0(1 + \dfrac{t}{273})$ 이다.

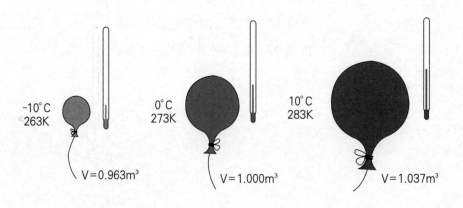

섭씨온도 t에다 273을 더한 값 T를 절대온도라고 하면 기

체의 부피는 절대온도에 비례하여 $\dfrac{V}{T} = \dfrac{V_0}{T_0}$의 관계를 만족한다.

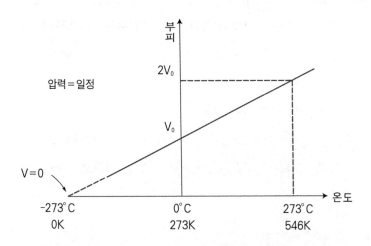

이 식에 의하면 절대온도 0도, 즉 영하 273℃에서 모든 기체의 부피는 0이 되는데, 그렇다면 단순히 기체의 온도를 낮춤으로써 기체가 이 세상에서 없어진다는 것인가? 화학 변화에도 불변인 질량이 온도의 변화로 인해 변한다는 말인가? 그렇지 않다. 기체의 온도가 절대온도 0도 가까이 내려가면 모든 기체는 액체나 고체로 변하고 액체나 고체에서는 샤를의 법칙을 적용할 수 없다.

따라서 온도의 변화에 대해 질량보존의 법칙은 여전히 유효하다.

2. 보일의 법칙

샤를의 법칙은 압력이 일정하다는 조건에서만 성립한다. 기체의 부피는 압력에 따라서도 변하기 때문인데 압력이 높을수록 기체의 부피는 작아진다. 온도가 일정한 상태에서 압력이 두 배가 되면 부피는 반으로 줄어들고, 압력이 세 배가 되면 삼분의 일로 줄어든다.

온도가 일정하다는 조건에서 부피와 압력은 반비례하므로 수식으로 표시하면, '$P_0 V_0 = PV =$ 일정' 이라고 나타낼 수 있다.

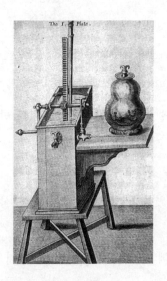

➡ 17세기 기체의 압력과 부피 관계를 실험하던 기구들. 옆은 아일랜드 출신의 과학자 보일.

이를 보일의 법칙이라고 하며 물 속에서 발생한 거품이 떠오르면서 커지는 것도 압력이 낮아지기 때문이고, 수소를 넣

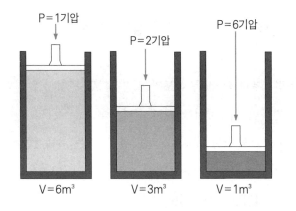

P=1기압   P=2기압   P=6기압

V=6m³   V=3m³   V=1m³

◀ 압력을 2배로 하면 부피는 1/2로 줄어들고 압력을 6배로 하면 부피는 1/6로 줄어든다. 즉, 압력과 부피의 곱은 일정하다.

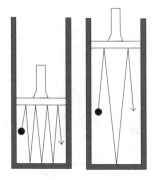 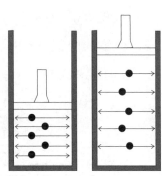

◀ 실린더가 팽창하면 기체 분자가 충돌하는 횟수가 감소하므로 상하의 압력이 감소한다. 실린더가 팽창하면 기체 분자가 충돌하는 면의 면적이 증가하므로 좌우 벽의 압력이 감소한다.

은 고무풍선의 실이 끊어져 상승하게 되면 자꾸 커지다가 결국 터지게 되는 것도 하늘로 올라갈수록 압력이 낮아져 부피가 커지기 때문이다.

결국 기체의 부피는 압력에 반비례하고 절대온도에 비례하는데 이를 보일-샤를의 법칙이라고 한다.

따라서 기체의 부피를 늘리려면 압력을 작게 하고 온도를 높여야 한다.

보일-샤를의 법칙

$$부피(V) \propto \frac{T(절대온도)}{P(압력)}$$

즉 $PV \propto T$

3. 압력·부피·온도의 삼각 관계

(압력×부피)의 값은 온도가 일정하다면 변하지 않지만 온도가 변하면 비례해서 커져야 한다. 즉 PV=RT라고 쓸 수 있는데 여기서 R은 기체상수라고 한다. 모든 기체 1몰은 1기압, 0℃(이를 표준 상태라고 한다)에서 부피가 22.4l이므로,

R=22.4기압 · l/273K

=0.082기압 · l/K

=$10^5 N/m^2 \cdot 22.4 \times 10^{-3} m^3 / 273K$

=8.2J/K 가 된다.

┃ 압력과 부피의 관계 ┃

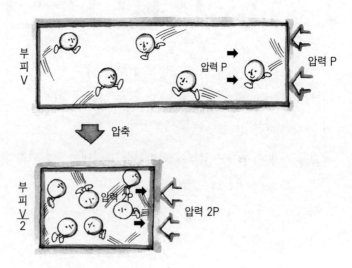

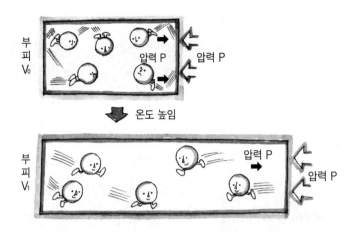

┃ 온도와 부피의 관계 ┃

부피 V_0

압력 P

압력 P

온도 높임

부피 V_1

압력 P

압력 P

화학 시간에는 0.082를 기체상수로, 물리 시간에는 8.2를 주로 쓴다. 그 값이 다른 것은 압력과 부피의 단위가 다르기 때문인데 화학 시간에 쓰는 기압과 리터가 현실적인 단위라면 물리 시간에 쓰는 파스칼, 세제곱미터(m^3)는 학문적인 단위라고 할 수 있다. <u>1기압은 약 10^5파스칼이고, $1l$는 $10^{-3}m^3$</u>이다.

> **1기압**
> 1기압 = $10^5 N/m^2$
> = 10^5 pascal

↳. 아보가드로수의 마술

수소기체가 2g이 되기 위해서는 그 분자의 개수가 6.02×10^{23}개가 필요하다. 이 숫자를 아보가드로수라고 하는데 아보가드로에 의해서 물리적인 의미가 부여되었기 때문이다.

수소 분자보다 16배가 무거운 산소 분자를 아보가드로수만큼 모아놓으면 32g이 되고, 수소보다 2배 무거운 단원자 분자인 헬륨이 아보가드로수만큼 모이면 4g이 된다.

그러나 아보가드로 법칙의 묘미는 다음과 같은 사실에 있다. 즉 기체의 크기가 물질에 따라 모두 다른데도 불구하고 아보가드로수만큼의 기체 분자가 차지하는 부피는 표준 상태에서 22.4 l 라는 것이다. 이는 50개들이 사과상자에다 밤을 넣는다면 밤도 50개밖에 못 들어간다는 것에 비유할 수 있는 것으로 우리의 상식과는 배치된다.

기체의 부피는 밤이나 사과의 부피와는 근본적으로 다르다. 스스로 날아가 없어지기 때문에 위가 열린 상자에는 담을 수가 없다. 따라서 고무풍선이나 완전히 밀폐된 용기에 담아야 한다. 고무풍선에 담았을 때 당연히 고무풍선의 부피가 곧 그 속에 있는 기체 분자 부피의 총합이라고 생각하면 안 된다. 기체 알갱이들이 풍선의 바닥에 깔린다면 풍선은 완전히 오그라들 것이다.

기체는 사과처럼 그릇에 담아 놓으면 가만히 있는 것이 아니라 끊임없이 움직인다. 그래서 이리 부딪치고 저리 부딪치면서 용기의 벽을 때리게 되고 그 힘의 총합이 벽의 압력으로 나타난다.

그러므로 기체의 부피는 알갱이가 얼마나 크고 작으냐에

달린 것이 아니라 그 알갱이가 벽을 얼마만큼 세게 또는 자주 때리느냐에 달려 있다. 풍선을 유심히 관찰할 때 풍선 표면이 볼록볼록 튀어나오는 것이 보이지 않는 이유는 분자가 너무 작고 또 개수가 매우 많기 때문이다.

잘 인쇄된 그림을 돋보기로 확대해 보면 작은 점들로 이루어졌음을 알 수 있는 것과 같이 미시적인 안목으로 보면 엉성한 점들로 이루어진 그림이지만 거시적으로 보면 매끈하게 잘 인쇄된 것처럼 보인다. 풍선 속의 기체도 이와 마찬가지이다.

5. 기체 분자의 운동

지금 반경이 r인 풍선에 n몰의 어떤 기체가 N개 있다고 가정하자. 이들이 난잡하게 풍선 벽에 부딪혀 압력을 만든다는 것을 다음과 같이 분석할 수 있다.

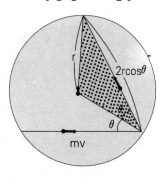

▌ 풍선 안의 기체운동 ▌

분자 한 개의 질량을 m, 속도를 v라고 할 때 이 분자가 θ의 방향에서 벽에 부딪혀 같은 속력으로 그림과 같이 튀길 때 이 분자의 운동량의 변화는 $2mv\cos\theta$이다. 운동량의 변화는 충격량과 같으므로 이 때 준 힘에다 풍선의 벽과 접촉한 시간을 곱한 것이 $2mvcos\theta$와 같아야 한다. 그러나 우리는 한 개의 입자가 평균적으로 벽에 주는 힘을 알고자 하는 것이므로 입자가 부딪히는 순간의 시간이 아니라 부딪히는 시간 간격을 구한다. 이 입자는 $2rcos\theta$만큼 진행할 때마다 벽에 부딪히므로 접촉하는 시간을 $2rcos\dfrac{\theta}{v}$로 대입하면 다음과 같다.

$$2mvcos\theta = \frac{f \cdot rcos\theta}{v} \quad , \quad f = \frac{mv^2}{r}$$

따라서 전체 분자가 풍선 벽에 충돌로 인해서 주는 힘 F는 개개의 힘에 분자의 수 N을 곱하면 된다.

$$F = N \cdot f = \frac{Nmv^2}{r}$$

기체의 압력이 중요하므로 풍선의 벽면이 받는 압력 P는 전체의 힘을 전체 표면적 S로 나누어 주어야 하고, 풍선의 표면적은 $4\pi r^2$이며 풍선의 체적 $V = (4/3)\pi r^3$이므로,

$$P = F/S = \frac{F}{4\pi r^2} = \frac{Nmv^2}{4\pi r^3} = \frac{Nmv^2}{3V} \; 이다.$$

위 식에 V를 곱하고 n몰이 N개의 입자가 있을 때 N = nNo이며 분자 한 개의 운동 에너지 $E_k = \dfrac{1}{2} mv^2$을 대입하고 보일-샤를의 법칙을 적용해 보자.

$$PV = \frac{Nmv^2}{3} = \frac{nN_0mv^2}{3} = nN_0\frac{2E_k}{3} = nRT$$

따라서 분자 한 개의 평균 운동 에너지는 아래와 같이 순전

히 절대온도에 비례한다. 절대온도가 두 배가 되면 미시적인 입장에서는 기체분자의 평균운동 에너지가 두 배가 된다는 뜻이다. 같은 온도에서는 기체의 종류에 관계없이 운동 에너지가 같아야 하기 때문에 질량이 작은 분자는 속도가 커야 한다. 산소와 수소분자의 질량비는 16:1이므로 그 분자가 같은 온도에 섞여 있을 때 평균 속력의 비는 1:4가 되어야 한다.

$$E_k = \frac{1}{2}\,mv^2 = \frac{3}{2}\,\frac{R}{N_0}T = \frac{3}{2}KT$$

풍선 안에 있는 전체 분자들의 운동 에너지의 총합을 내부 에너지 U라고 하는데, 이는 한 개의 평균운동 에너지인 E_k 에 분자수를 곱하면 된다.

$$U = NE_k = nN_0E_k = \frac{3}{2}\,nRT = \frac{3}{2}\,PV$$

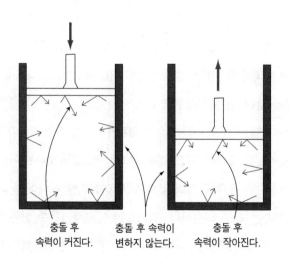

충돌 후 속력이 커진다.　충돌 후 속력이 변하지 않는다.　충돌 후 속력이 작아진다.

◀압축되는 피스톤에 충돌한 기체 분자들의 충돌 후 속력은 빨라지고, 팽창하는 피스톤에 충돌한 기체 분자들의 속력은 느려진다. 기체 분자들의 속력이 증가하면 내부 에너지가 증가하게 되어 기체 온도가 올라가고 반대의 경우는 온도가 내려간다.

■ 우리가 볼 수 있는 우주에는 대충 천억 개의 은하계가 있고, 각각의 은하계에는 약 천억 개의 별이 있다. 한편 미시 세계로 눈을 돌려보면 우리 주위의 물질 세계는 원자로 이루어졌고, 생명 현상은 원자와 원자들이 결합하여 이루어진 분자를 단위로 하여 일어난다. 그런데 원자와 분자는 아주 작기 때문에 꽃잎에 맺힌 아침이슬 한 방울에도 많은 수의 원자와 분자가 들어 있다. 이슬 한 방울(부피는 $0.1ml$로 가정)에 들어 있는 원자의 수와 우주 전체의 별의 수를 비교하고 이 결과에 대한 본인의 생각을 서술하라. 물 1몰은 18g이고, 이 안에는 6.0×10^{23}개의 물분자가 들어 있다.

— 2000학년도 서울대 지필고사 문제

| 해 설 | 천억 개의 은하계와 천억 개의 별을 곱하면 우주 전체의 별의 수를 10^{22}로 얻을 수 있다($10^{11} \times 10^{11}$). 그리고 $0.1ml$의 물에 들어 있는 원자수도 $(3)(6.0 \times 10^{23})(0.1/18) = 10^{22}$로 얻어진다(3은 물분자 하나에 수소 원자가 두 개, 산소 원자가 하나 있으므로 모두 세 개의 원자가 들어 있다는 것으로부터 나온다).

계산상으로 우주 전체의 별의 수와 아침이슬 하나에 들어 있는 원자수는 대충 비슷하다. 밤하늘에 눈으로 볼 수 있는 별이 수천 개에 불과한 것을 생각하면 우주가 얼마나 광대하다는 것

을 알 수 있고, 원자는 얼마나 작은가 하는 것도 깨닫게 된다. 인간은 이들 사이에 위치한 중간적인 존재이다.

■ 표준상태의 수소기체 1몰의 내부 에너지는 몇 줄(J)인가?

| 해 설 | 1기압에서 부피가 22.4l이므로 그 기체의 내부 에너지는 다음과 같이 구할 수 있다.

$$U = (3/2)PV = (3/2) \times 10^5 \times 22.4 \times 10^{-3} = 3320J$$

■ 0°C의 차가운 금속조각의 온도를 두 배로 뜨겁게 하면 몇°C가 될까?

| 해 설 | 0°C의 두 배도 역시 0°C라고 생각하면 안 된다. 두 배로 뜨겁게 했다는 것은 각각의 기체 분자운동 에너지를 두 배로 했다는 것이고, 이는 곧 내부 에너지가 두 배로 변했다는 것이다. 내부 에너지는 절대온도에 비례하므로 절대온도가 두 배가 되는 것이 곧 두 배로 뜨겁게 한 것이다. 0°C는 절대온도 273K이므로 그 두 배의 절대온도는 546K이다. 이 온도는 섭씨온도 273°C이다.

■ 깡통 속의 공기가 20°C, 1기압에서 밀봉되었다. 깡통 속

의 공기 압력을 2배로 해주기 위해서는 어느 온도까지 깡통
을 가열해야 할까?

| **해 설** | 보일-샤를의 법칙에 의해서 PV = nRT에서
부피가 일정한 상태에서 압력은 절대온도에 비례한다. 따라서
압력을 두 배로 하려면 절대온도를 두 배로 해야 하고 20℃는
절대온도 293K이므로 두 배인 586K로 하면 된다. 이는 313℃
이다.

열역학의 법칙

읽기 전에

발명가들의 영원한 꿈, 영구기관은 왜 존재하지 않는 것일까? 열역학 제1법칙, 열역학 제2법칙을 통하여 그 이유를 알아보자.

1. 열역학 제1법칙

몇 년 전 TV 프로에 평범한 사람을 주인공으로 하는 '인간 시대'라는 다큐멘터리가 있었다. 그 주인공들 중에 에너지 보존법칙만 알았다면 귀중한 시간과 돈을 낭비하지 않았을 안타까운 경우가 있어 소개한다.

이름은 기억되지 않지만 한 젊은이가 의욕적으로 자동차 기름을 절약할 수 있는 장치를 개발하고 있었는데, 이러한 연구가 보통 그러하듯이 그 원리라는 것이 언뜻 보기에는 그럴 듯하다. 내용인 즉, 아파트 옥상에 환풍용으로 쓰이는 대형 바람개비를 자동차 지붕에 이고 다니는 것이다. 그러면 자동차 속도로 인한 상대 속도에 의해 바람이 불 것이고, 이 바람이 환풍용 바람개비를 돌린다. 바람개비는 바람이 없는 날도 차가 움직이기만 하면 돌 것이므로, 그 바람개비의 회전 운동 에너지를 바퀴에 전달하면 그렇게 하지 않는 것보다 에너지가 절약된다는 것이다.

그 젊은이는 자기의 아이디어를 실행에 옮기기 위해 중고차와 환풍기를 구입하여 자동차를 개조했다. 그리고 시내를 다니면서 자동차의 연비를 기록하며 그렇게 하지 않은 경우와 비교하여 시험중인데 좀체로 기름이 절약되는 것 같지 않다는 것으로 그 다큐멘터리는 끝을 맺었다.

만약 그 젊은이가 학교에서 가장 보편적이고 빈번하게 취

연비
기름 1*l*로 달릴 수 있는 거리를 km로 나타낸 것.

급되는 에너지 보존법칙을 이해했더라면
그렇게 시간과 돈을 낭비하지 않아도
되었을 것이다. 그 아마추어
발명가의 의도대로 자동차
가 작동하여 기름이 절약되
었다면 그것은 에너지가
공짜로 생긴 것이고 명백히 열역
학 제1법칙(에너지 보존법칙)에 어긋난다. 따라서 과정이 아
무리 그럴듯해도 이는 성공할 수 없다.

이와 같이 에너지 공급이 없는데도 계속 작동하는 기계를
제1종 영구기관이라고 하는데, 이는 에너지 보존법칙에 어긋
나므로 만들 수 없다.

과거에도 수많은 아마추어 과학자들이 영
구기관을 발명하기 위해서 청춘과 재산을 날
린 경우가 많았다고 한다.

그 중에 부력을 이용한 경우로 다음과 같은
것이 있다. 그림과 같이 커다란 물탑에 속이
빈 밀폐된 가벼운 통을 튼튼한 줄에 여러 개
매달아 아래로부터 물 속에 들이밀면 물 속에
잠긴 물통은 부력을 받아 위로 뜨게 되고 그
힘으로 줄이 반시계 방향으로 회전한다는 것
이다. 언뜻 보면 그럴듯도 하지만 이것 역시

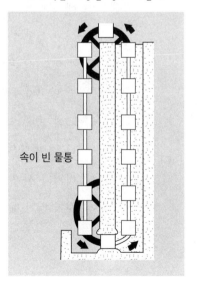

┃ 부력을 이용한 영구 기관 ┃

속이 빈 물통

영구 기관이다.

　부력에 의해 물 속에 있는 속이 빈 통이 뜨는 것은 사실이나 그 통이 물 밑으로 들어오기 위해서 물의 압력을 견뎌야 하는데 그 힘은 물통이 받는 부력보다 크기 때문에 이는 설명대로 작동하지 않는다.

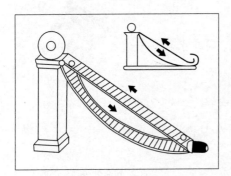

▌ 자석을 이용한 영구 기관 ▐

　영구자석을 이용한 다른 예도 있다. 그림과 같이 강력한 자석에 의해 쇠공을 빗면 위로 끌어올리고 그 공이 빗면의 꼭대기에 이르렀을 즈음에 구멍을 뚫어 공이 그 구멍에서 아래로 떨어져 다시 빗면의 아래쪽으로 굴러가도록 기울기를 조정해 놓는다. 그러면 강력한 자력에 의해서 빗면으로 쇠공이 끌려 올라오고 다시 구멍으로 떨어져 쇠공이 같은 운동을 반복하게 된다는 것이다. 그러나 빗면으로 쇠공을 끌어올릴 정도의 자력이면 그 쇠공은 구멍으로 떨어지지 않는다.

　이 밖에 영구 기관이라고 주장하는 수많은 설계도가 있으나 그 결말은 모두 열역학 제1법칙을 알지 못한 무지의 소치이거나 사기로 판명되었다. 자연의 법칙은 불로소득을 허용하지 않기 때문이다.

2. 열 기 관

기체에 열을 가하여 기체 분자들의 운동 에너지를 증가시
키고 그 기체 분자들로 하여금 피스톤을 밀게 하여 역학적 에
너지를 얻는 기계를 열기관이라고 한다. 역학적 에너지를 계
속 얻기 위해 피스톤을 밀게만 할 수는 없으므로 다시 피스톤
을 원위치로 오게 하기 위해서는 팽창된 기체의 열을 빼앗아
기체의 부피를 원래대로 줄여야 한다. 따라서 피스톤 안에 갇
혀 있는 일정한 양의 기체에 열을 주어 팽창시켰다 냉각시키
는 작업을 반복하면 피스톤을 계속 운동시킬 수 있다.

▌열기관 ▌

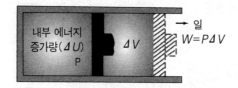

기체는 팽창하면서 일을 할 수 있다. 이때 열을 많이 줄수
록 기체가 맹렬하게 팽창하여 피스톤이 힘차게 운동하고, 열
을 많이 빼앗아갈수록 강하게 수축하여 피스톤이 힘있게 운
동한다. 열을 많이 주려면 가열할 때의 온도가 높아야 하고
열을 많이 빼앗으려면 식힐 때의 온도가 낮아야 한다. 따라서
기체를 가열할 때와 식힐 때의 온도 차이가 클수록 피스톤은

힘있게 움직이다.

어떤 이상기체의 압력과 부피가 다음의 그래프와 같이 변할 때 각각의 경우에 대한 상황을 설명하면 다음과 같다.

▌ 이상기체의 변화 그래프 ▌

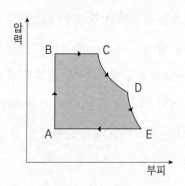

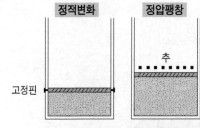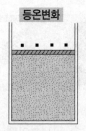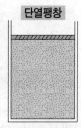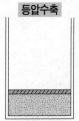

정적변화	정압팽창	등온변화	단열팽창	등압수축
A→B 피스톤을 고정하고 가열한다.	B→C 피스톤 위에 기체 압력을 상쇄할 만큼의 추를 놓고 핀을 뺀 다음 가열한다.	C→D 추를 덜어내면서 기체의 온도가 일정하게 가열한다.	D→E 가열하지 않고 추를 모두 덜어낸다.	E→A 원래의 부피가 될 때까지 식힌다.

A에서 B로 변하는 경우는 부피가 일정한 상태에서 압력이 증가하므로 '정적변화'라고 하며, 피스톤을 고정한 채로 열을 가하면 가한 열이 모두 기체의 내부 에너지를 증가시켜 온

도가 올라가고 압력이 증가한다.

B에서 C로 변하는 경우는 압력이 일정한 상태에서 부피가 증가하는 경우이므로 '정압팽창' 이다. 고정된 피스톤을 자유롭게 움직이게 하면 압력이 줄면서 팽창하므로 정압팽창이 되지 못한다. 높은 압력을 일정하게 유지하면서 부피를 증가시켜야 하므로 피스톤을 개방하기 전에 피스톤 위에다 피스톤 내부의 압력과 비기도록 추를 올려놓는다. 그런 다음 피스톤을 개방하고 서서히 열을 가하면 추와 피스톤을 밀면서 부피가 늘어나게 되고, 이때 가한 열의 일부는 기체의 온도를 높이는 데 쓰이고 나머지는 추를 밀어올리는 일을 하는 데 쓰인다.

C에서 D로의 변화는 기체의 온도를 일정하게 유지하면서 부피를 증가시키는 것이므로 '등온변화'라고 하며, 이때 기체의 부피와 압력은 반비례한다. 즉 보일의 법칙이 만족되는 구간이다. 온도가 변화하지 않으므로 기체 분자들의 운동 에너지와 내부 에너지가 변하지 않는다. 그러나 부피가 팽창하여 외부에 일을 하므로 외부에 하는 일만큼 열을 보충해 주어야 한다. 실제로 피스톤 위에 있는 추를 한 개씩 내릴 경우에도 같은 형태의 그래프가 되지만 외부에 하는 일 때문에 온도가 내려간다. 따라서 일하는 만큼의 열을 주어야 한다.

D에서 E로의 변화는 압력이 낮아지면서 부피가 늘어나는 변화이므로 등온변화와 비슷하지만 외부와 열을 차단한 상태

보일의 법칙
기체의 온도가 일정할 때 압력과 부피의 곱은 일정하다. 즉, 기체의 압력은 부피에 반비례한다.

에서 부피가 팽창하는 것이므로 '단열팽창'이라고 한다. 이 경우 외부에 일을 하는 만큼 내부 에너지가 감소하고 온도가 내려간다. 피스톤 위에 올려져 있는 추를 순차적으로 내리면 단열팽창이 된다.

단열팽창하는 경우 온도가 내려간다는 사실은 우리 주변에서 흔히 볼 수 있는 현상이다. 압축된 부탄가스가 들어 있는 캔 속의 기체를 밖으로 내뿜으면 캔의 온도가 내려가고, 휴대용 가스레인지로 음식을 조리한 후 휴대용 가스레인지의 뚜껑을 열고 캔을 만져 보면 아주 차갑다.

이런 단열팽창의 원리를 이용한 것이 냉장고이다. 냉장고는 냉매를 압축시키는 과정에서 발생하는 열을 밖으로 배출시킨다. 그 결과 여름에 실내에서 냉장고를 작동시키면 실내 온도가 올라간다. 한편 압축된 냉매를 냉동실 내에서 갑자기 팽창시키면 온도가 내려간다. 이런 일을 계속 반복함으로써 냉장고 내부의 온도를 내릴 수 있는 것이다.

단열팽창을 실감할 수 있는 재미있는 실험을 하나 소개해 보자. 입을 벌리고 천천히 입김을 불면 손이 따뜻하게 느껴지지만 입을 오므리고 입김을 확 불면 입김이 단열팽창하면서 온도가 내려가 입김이 차갑게 느껴진다.

단열팽창에 의해 기체의 온도가 내려가는 경우는 일기 변화에서 중요한 역할을 한다. 즉 저기압의 중심으로 밀려온 공기는 상승하게 되는데 높이 올라갈수록 기압은 낮아지므로

상승한 공기는 단열팽창을 한다. 그래서 온도가 이슬점 이하
로 내려가면 구름이 생기고 비가 오는 경우가 많다.

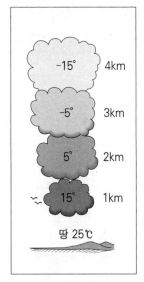

↑습기를 머금은 따뜻한 공기가 산비탈을 타고 위로 올라가면서 팽창하
여 온도가 내려간다. 이슬점 이하까지 내려가게 되면 구름을 만들어 비
를 내린다. 이 과정에서 습기가 제거된 차가운 공기가 하강하면서 단열
압축되어 온도가 올라가게 된다. 따뜻하고 건조한 바람인 높새바람은 이
렇게 만들어진다.

◀건조한 공기 덩어리는 1km 상승할 때마다 기온이 약 10℃씩 내려간다.

마지막으로 E에서 원위치인 A로 가기 위해서 일정한 압력
에서 부피가 감소해야 하므로 등압수축이라고 할 수 있으며,
기체를 식혀 주어야 한다.

이렇게 기체가 한 바퀴 돌아 원위치에 왔다면 그 사이에 이
기체가 외부에 한 일은 그래프의 내부 면적과 같다. 즉 부피가
팽창할 때는 그 그래프의 아래 면적만큼 일을 했고 기체가 수
축할 때는 그래프의 아래 면적만큼 일을 받아야 하므로 결국
은 폐곡선 면적만큼이 이 기체가 외부에 알짜로 하는 일이 될
것이다. 그러나 이것은 기체의 성질을 설명하기 위한 것이다.

실제의 열기관에서 그와 같은 과정을 따르는 것은 아니다.

열기관은 외부에서 열을 받아 그 일부를 역학적 에너지로 바꾸고 다음 동작을 위해 기체를 식혀 원래의 상태로 돌아가게 해야 하므로 받은 열을 모두 일로 바꾸는 것은 불가능하다.

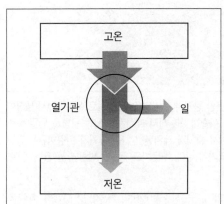

↑화살표의 폭은 에너지의 양을 나타낸다.

↑간단한 증기 터빈에서 주전자로부터 나오는 증기가 팔랑개비를 돌게 한다. 이와 같은 기관을 이용하여 가벼운 물건을 올리는 일을 할 수 있다.

이때 받은 열에 대한 한 일의 비율을 열효율이라고 하는데 열효율이 100%가 되는 것은 원천적으로 불가능하다. 만약 열효율이 100%인 열기관이 있다면 이는 에너지 보존법칙인 열역학 제1법칙에 위배되지는 않지만 열역학 제2법칙에 위배된다. 열역학 제2법칙에 위배되는 열기관(열효율이 100%인 열기관)을 제2종 영구기관이라고 한다.

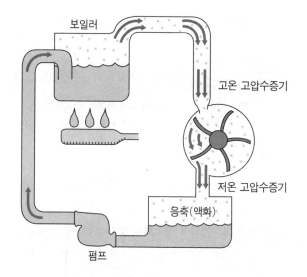

보일러

고온 고압수증기

저온 고압수증기

응축(액화)

펌프

◀낮은 압력의 수증기를 물로 응축시키기 위해서 수증기는 열을 방출해야 한다.

　열역학 제2법칙에 의하면 열은 일로 완전히 바뀔 수 없으나 일은 열로 완전히 바뀔 수 있다. 열을 일로 바꾸려면 열기관이 필요하고 공급될 열을 모두 일로 바꿀 수가 없지만 일이 열로 바뀌는 것은 시간만 지나면 자연적으로 100%가 바뀐다.

　역학적 에너지라는 것은 미시적인 관점으로 볼 때 질서 있는 에너지이다. 즉 100m/s로 움직이는 돌멩이는 그 돌멩이를 이루는 모든 분자들이 같은 방향으로 속도 100m/s의 운동 에너지를 갖는다. 그러나 이것이 벽에 부딪혀 산산 조각이 나면 우선 모든 조각들이 사방으로 흩어져 난잡해지고 각각의 분자들의 개개 운동 에너지로 분산되므로 최초의 평행이동 에너지가 난잡한 열 에너지로 변한 것이다.

➡ 얼음덩어리를 떨어
뜨리면 지면과 충돌하
면서 발생한 열에 의해
서 녹는다. 이 과정에
서 역학적 에너지는 보
존되지 않지만 열 에너
지를 포함한 총에너지
는 보존된다. 이런 과
정은 흔히 일어날 수
있다. 그러나 지면에
녹아 있던 물이 얼음으
로 변하면서 위로 솟구
쳐 올라가는 경우는 없
다. 비록 이런 과정에
서도 총에너지는 보존
되지만 이런 일은 일어
나지 않는다. 이와 같
이 한쪽 방향으로의 사
건은 일어나지만 반대
방향으로의 사건은 일
어나지 않는 것을 비가
역 과정이라고 한다.

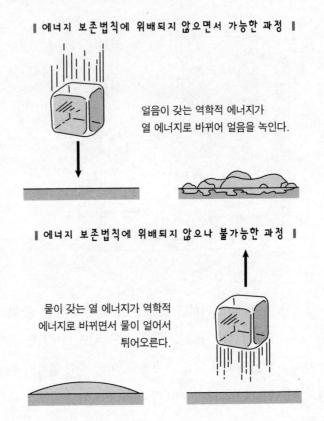

┃ 에너지 보존법칙에 위배되지 않으면서 가능한 과정 ┃

얼음이 갖는 역학적 에너지가
열 에너지로 바뀌어 얼음을 녹인다.

┃ 에너지 보존법칙에 위배되지 않으나 불가능한 과정 ┃

물이 갖는 열 에너지가 역학적
에너지로 바뀌면서 물이 얼어서
튀어오른다.

이러한 현상은 자연스럽게 일어나지만 그 현상의 역(逆)은
스스로 일어나지 않는다. 즉 서로 떨어져 있던 돌들이 식으면
서 서로 붙어 한쪽으로 평행이동하는 경우란 성립될 수 없는
것이다. 이와 같은 것을 비가역 과정이라고 하는데 이는 우주
변화의 방향을 지정해 준다. 세월이 가면서 사람은 늙고, 건
물은 무너져 내리지만 그 반대 과정의 변화는 일어나지 않는
것과 같다.

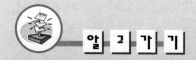
깨진 달걀을 원래대로 만들 수 있을까?

'엎질러진 물'이란 말이 있다. 이것을 물리학적으로 표현하면 계의 엔트로피가 증가하였다는 것을 의미한다. 그릇에 담겨진 물을 질서 있는 상태라고 한다면 엎질러진 물은 무질서한 상태이다.

이와 같이 자연은 무질서한 상태로 되려는 경향이 있다. 그러면 깨진 달걀을 원래 상태대로 만들 수 있을지 생각해 보자.

이 수수께끼의 답은 '깨진 달걀을 닭 모이로 주면 된다.'이다. 이때 달걀이 만들어지는 것은 무질서도가 감소하는 현상이다. 그러나 과연 무질서도는 감소하였는가?

그렇지 않다. 달걀을 생산하기 위해서 닭은 다른 모이들을 먹고 원래 모이보다 무질서도가 높은 배설물들을 내놓았다. 결국 전체적으로 보면 엔트로피는 증가한 것이 된다.

박테리아에서부터 인간에 이르기까지 모든 생명체는 주변으로부터 얻은 에너지를 사용하여 생명 조직체를 형성한다. 즉 생명체 내의 엔트로피는 감소한 것이다. 그러나 생명을 유지하기 위해서는 주변의 에너지를 소비하므로 결국 전체 엔트로피는 증가한 것이 된다.

이 우주에 있는 여타의 에너지는 시간이 갈수록 열 에너지로 변하고 그 열 에너지는 온도가 높은 곳에서 온도가 낮은 곳으로 이동하나 그 역은 일어나지 않는다. 그래서 이 우주의 온도가 모두 같아져 열적 평형을 이루게 되면 더 이상의 변화는 일어나지 않고 열적으로 우주의 종말(heat death)이 온다.

물론 그런 상태가 되기 훨씬 전에 태양의 온도와 지구의 온도가 같아질 것이고, 지구에는 더 이상 생물이 존재할 수 없을 것이다.

생각할 문제

■ 시계방이나 구두점을 지나가다 보면 계속 같은 동작을 반복하며 움직이는 장치를 볼 수 있다. 이것들을 영구 기관이라고 할 수 있는가?

| 해 설 | 그러한 장치들을 보고 있으면 에너지 공급이 없

는데도 계속 움직이는 것처럼 보인다. 그러나 대개의 경우 상당히 무거운 추가 진동하면서 움직이는 것을 알 수 있다. 질량이 큰 추는 웬만한 공기의 저항에도 상당히 오랫동안 운동이 유지된다.

대표적인 예가 푸코 진자이다. 이것은 추의 질량이 크고 속도가 적어 공기의 저항을 조금밖에 받지 않기 때문에 하루종일 움직일 수가 있는 것이다.

이와 같이 질량이 큰 추를 달아 진동시키면 한두 시간 정도는 움직일 수 있고 정지하면 다시 흔들어 놓으면 된다. 쇼윈도에서 두 시간이나 보는 사람은 없을 테니까. 그렇지 않다면 이는 약간의 에너지를 공급하는 전지가 속에 내장되어 있거나 에너지를 공급하는 도선이 은밀하게 연결되어 있을 가능성이 많다. 어찌되었든 에너지는 보존되어야 하고 시계방이나 구두점의 진열대에는 공기의 마찰이 불가피하기 때문에 그로 인해 생기는 열을 보충하지 않고 계속 운동하는 것은 불가능하다.

■ 폭포 위를 흐르는 물은 아래를 흐르는 물보다 위치 에너지가 더 크다. 이 물이 낙하하면 열 에너지로 변해서 물의 온도를 상승시킨다. 그러면 높이가 100m인 폭포 물의 온도는 낙하로 인하여 얼마나 높아질 것인가?

| 해 설 | 1kg의 물이 100m에 있을 때 위치 에너지는 약

980J이며 이는 196cal이다. 1kg의 물에 196cal의 열을 주면 온도가 섭씨 0.196℃만큼 상승한다.

■ 물먹는 새(drinking bird)는 에너지의 공급 없이 계속 움직이는 것처럼 보인다. 그렇다면 이것은 영구 기관인가?

| 해 설 | 에너지의 공급 없이 저절로 운동하는 것처럼 보이는 물먹는 새의 운동은 증발과 응축의 결과이다. 새의 부리는 물을 잘 흡수하는 섬유로 되어 있다. 부리를 축축하게 적시고 있던 물이 증발하면 흔들리기 시작하여 끝내는 머리를 물 속에 담근다. 그리고 나서 자신을 번쩍 세우는데, 새의 몸통을 채운 액체는 아주 휘발성이 강한 에테르이다.

머리에서 물이 증발되면 머리 부분의 온도가 내려가게 되고, 여기에 있던 증기 상태의 에테르가 응축하면서 압력이 줄어든다. 몸통 부분에서는 계속 에테르가 증발되어 압력이 증가한다.

이 압력의 차이로 에테르가 목 부분까지 밀려가면서 무게 중심도 위로 올라간다. 물먹는 새가 균형을 잃고 몸을 앞으로 숙이

면 몸통 쪽에 있던 기체 상태의 에테르가 위로 올라가게 되고 목
부근까지 올라갔던 에테르가 내려오면서 새는 다시 균형을 찾아
서 제자리로 돌아온다.

에너지 변환과 보존

읽기전에

열 에너지, 전기 에너지, 화학 에너지, 원자핵 에너지 등 우리 일상 생활과 밀접한 관계가 있는 에너지는 무수히 많다. 눈이나 비가 오는 것을 포함해 이 세상에서 일어나는 모든 일들은 물리적으로 보면 에너지 변환 과정에 불과하다. 이 장에서는 이러한 에너지와 에너지 변환 과정을 통해 자연 현상의 이치와 원리를 알아보고자 한다.

우리는 보통 사무실에서
사무를 보거나 연구실에서
연구를 하는 것도 일을 한
다고 말한다. 그러나 이는
물리적 개념에서 볼 때 일
이 아니다. 물리적인 일은
힘이 작용해야 하고 그 힘
으로 물체가 이동해야 한

↑아무리 밀어도 물체가 움직이지 않으면 적어도 물리적으로는 일을 하지 않은 것이다.

다. 자기 집 담이 넘어질 것 같아서 하루 종일 손으로 받치고
있었다고 하더라도 담이 이동하지 않았으므로 물리적으로는
일을 한 것이 아니다.

물체가 힘을 받아 힘의 방향과 직각인 방향으로 이동했다
면, 힘이 물체의 이동에 기여하지 못했기 때문에 역시 물리적
인 일은 0이 된다. 이를 수학적으로 표시하면, 물체가 힘과
θ의 방향으로 이동했을 때, 물체를 이동시키는 데 기여한
힘은 $F cos\theta$이므로 일(W)= 힘(F)×이동거리(S)×$\cos \theta$
라고 표시할 수 있다.

↓물체에 힘을 주어
물체가 움직여야 비로
소 일을 했다고 말할
수 있다.

┃일의 계산┃

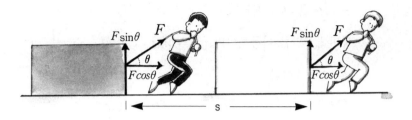

이 때 힘의 방향과 물체의 이동 방향에 따라서 일이 음(-)의 값을 가질 수도 있다. 힘과 물체의 이동 방향이 이루는 각이 90°를 넘어서면 $\cos\theta$ 값은 음(-)의 값을 가지므로 물체에 한 일은 음(-)이다. 또한 물체가 움직일 때 물체에 작용하는 마찰력이 물체에 가하는 힘의 방향은 물체의 이동 방향과 정반대 방향이므로 $\cos\theta = \cos 180° = -1$이 되어 마찰력이 하는 일이 음(-)이다. 예를 들어 앞으로 나아가는 개를 뒤쪽으로 끈다면 개주인이 개에 대하여 하는 일은 음(-)이 된다.

물체에 양(+)의 일을 하면 물체의 에너지가 증가하지만 음(-)의 일을 하면 물체의 에너지는 감소한다.

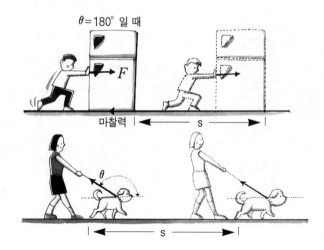

마찰력이 전혀 작용하지 않는 바닥에서 물체에 일정한 힘 F 를 가하면 그 물체는 등가속도 운동을 한다. 그렇게 하여 t초 동안에 S만큼 이동했다면, $F=ma$, $v=at$, $S=\frac{1}{2}at^2$, $\cos\theta=1$이다.

따라서 힘이 한 일, $W=F\times S=(ma)\times(\frac{1}{2})(at)^2=\frac{1}{2}mv^2$ 이다. 이 값을 운동 에너지라고 하는데 힘이 한 일이 그 물체 의 운동 에너지로 나타난다.

▶정지한 물체에 힘을 주어 일을 하면 운동 에너지가 생긴다. 이 때 물체에 한 일의 양 은 새로 생긴 물체의 운동 에너지와 같다.

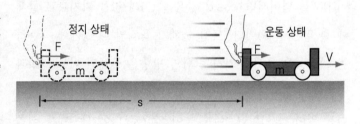

▶물체를 들어올리는 일을 하면 물체의 위치 에너지가 증가한다.

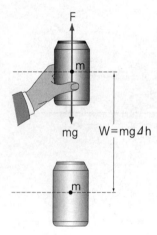

지구의 중력장에서 질량 m인 물체를 들어올리기 위해서는 mg 만큼의 힘이 필요하고, 이를 h만 큼 들어올렸다면 그 힘이 한 일 $W=F\times S=(mg)\times h=mgh$ 이다. 그 일은 물체의 위치 에너 지로 나타난다.

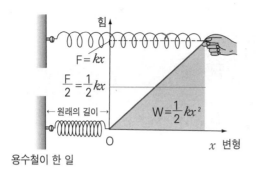

힘

$F = kx$

$\dfrac{F}{2} = \dfrac{1}{2}kx$

← 원래의 길이 →

$W = \dfrac{1}{2}kx^2$

O

x 변형

용수철이 한 일

← 용수철을 잡아당기는 일을 하면 용수철에 위치 에너지의 형태로 에너지가 저장된다.

중력장이 아니더라도 용수철을 잡아당기거나 압축시킬 때, 힘을 가해야 하므로 역시 위치 에너지를 갖게 되는데, 이를 탄성력에 의한 위치 에너지라고 한다. 즉, 탄성계수가 $\cos\theta$ k인 용수철을 x만큼 늘릴 때, 힘이 한 일을 나타내는 식 $W = F \times S$에서 이동거리는 x이지만 용수철을 늘이는 힘은 용수철이 늘어남에 따라 점점 증가한다. 아무리 뻑뻑한 용수철이라도(k 값이 크다) 처음에는 힘이 별로 들지 않는다.

또 느슨한 용수철(k 값이 작다)도 많이 늘어난 상태에서는 힘을 많이 주어야 한다. 탄성계수가 k인 용수철을 x만큼 늘이는 데는 kx만큼의 힘을 주어야 한다. 그러므로 x만큼 늘이는 데 한 일은 힘이 연속적으로 kx까지 증가했으므로 평균힘 $\dfrac{kx}{2}$에다 이동거리 x를 곱해서 $\dfrac{1}{2}kx^2$이다. 따라서 일과 에너지는 같은 물리량이다. 일을 하여 에너지를 증가시킬 수 있으며, 에너지로 일을 할 수 있다. 일과 에너지의 단위인

J(Joule)은 1N(Newton)의 힘으로 물체를 1m 이동시켰을 때의 한 일이다.

1. 양은 변하지 않는다

자유낙하하는 물체는 위치 에너지가 운동 에너지로 변하는 과정이며, 진자나 그네는 위치 에너지와 운동 에너지를 번갈아 갖는다. 전기난로, 전기밥솥 등은 전기 에너지를 열 에너지로 바꾸는 것이며, 전등은 전기 에너지를 빛 에너지로 바꾸는 것이다.

전기 에너지를 운동 에너지로 바꾸는 것이 전동기다. 이 세상에서 일어나는 모든 사건은 물리적으로 보면 에너지 변환 과정에 불과하다. 눈이나 비가 오는 것은 물리적으로 볼 때 아파트가 붕괴하는 것과 동일한 에너지 변환의 과정이다.

우리에게 중요하면서 지구상에서 광범위하게 일어나는 에너지 변환 과정은 식물 세포 속의 엽록체에서 일어나는 광합성 작용이라 할 수 있다. 왜냐하면 우리가 매일 먹는 음식이 결국은 광합성의 결과로 얻어지기 때문이다.

옛날에는 밥이나 채소처럼 식물성을 먹었지만 지금은 식생활이 바뀌어 육식을 많이 한다고 해서 식물의 광합성에 의존하지 않아도 된다고 생각하면 안 된다. 왜냐하면 우리에게 고기를 제공해주는 각종 동물도 식물이 있어야 생존할 수 있기 때문이다. 녹색 식물을 생산자라 하고, 이를 먹고 사는 토끼·양·말 등을 1차 소비자, 이들을 먹고 사는 뱀이나 늑대 등의 육식 동물을 2차 소비자라 하며, 다시 이를 먹고 사는 동물은 3차 소비자라고 한다. 사람은 만물의 영장이므로 최종 소비자일 것이다. 결국 모든 동물이 살아갈 수 있는 것은 식물이 광합성을 하기 때문이고, 식물의 광합성을 위해서는 태양 복사 에너지가 있어야 한다. 그러므로 태양이 없는 식물은 생각할 수 없으며, 식물 없는 동물 또한 생각할 수 없다.

2. 생태계의 평형

동물 없이는 식물도 살 수 없다. 식물이 광합성을 하기 위해서는 태양 에너지가 필요하지만 동시에 이산화탄소도 필요하기 때문이다. 그런데 이산화탄소는 동물 세포 속에 있는 미토콘드리아에서 광합성의 역반응 결과로 생산된다. 따라서 이 세상에 식물만 존재하면 공기중에 이산화탄소의 비율이 점점 줄어들 것이고, 결국 모든 식물은 이산화탄소가 부족하게 되어, 이 세상에서 없어질 것이다.

그러므로 이 세상에 동물과 식물이 살아 있기 위해 필요한 조건은 먼저 태양이 있어야 하고, 그 다음에는 동물과 식물이

미토콘드리아
과립상 또는 실 모양의 세포 소기관이다. 콘드리오솜 또는 사립체(絲粒體)라고도 한다. 크기는 0.2~3nm로 세포 호흡에 관여한다. 모양은 생물종에 따라 각각 특징이 있고 크기도 세포의 종류에 따라 다르지만, 너비 0.5nm, 길이 2nm 정도 되는 것이 많다. 1개의 세포에 함유되어 있는 미토콘드리아의 수는 세포의 에너지 수용에 관계되며, 일반적으로 호흡이 활발한 세포일수록 많은 미토콘드리아를 함유하고 있다.

적당히 동시에 존재해야 한다는 것이다. 둘 중에 어느 한쪽이 너무 많으면 작은 쪽은 살기 쉬워지지만 많은 쪽은 살기 어려워진다.

예를 들어 식물이 많으면 동물들은 먹을 것이 많아지고 산소가 풍부해져 살기 쉽지만 식물들은 이산화탄소가 부족하여 살기 어려워진다. 반대로 동물이 너무 많으면 식물은 이산화탄소의 양이 늘어나므로 살기 쉬워지고 동물은 식량과 산소가 부족하여 살기 어려워질 것이다.

시간이 지나면 적은 쪽은 살기 쉬우므로 점점 많아지고 많은 쪽은 살기 어려우므로 점점 줄어들어 결국은 동물과 식물이 적당한 비율로 맞춰지게 되는데, 이것을 우리는 '생태계의 평형'이라고 한다.

사람이 만물의 영장이라고 해서 위와 같은 자연의 이치를 거역할 수는 없다. 사람도 엄연히 생태계의 평형을 구성하는 하나의 동물이기 때문이다.

그래서 생명의 단위를 개개의 생명체로 보지 않고 태양—지구계에 유일한 생명인 '지구상의 우주적 생명(global life on earth)'으로 보는 견해도 있다.

에너지의 흐름이라는 입장에서 보면 사람도 하나의 에너지 변환 기계에 불과하다. 사람이라는 기계는 매일 먹는 음식을 산화시켜 얻는 에너지의 상당 부분을 자기의 체온을 36.5℃로 유지시키는 데 사용한다. 그리고 운동하는 데나 또는 계단을 오르는 데 사용하고, 남으면 지방질의 형태로 저장한다.

사람이 한두 끼의 식사를 거른다고 해서 금방 체온이 떨어진다거나 운동을 할 수 없는 상태가 되지 않는 것은 평소에 남은 것을 저장해 두었기 때문이다. 따라서 에너지만 가지고 따진다면, 몸무게가 많이 나가는 사람은 철저한 준비를 했다고 볼 수 있다.

3. 쓸모 있는 에너지와 쓸모 없는 에너지

에너지가 없어지는 것이 아니고 보존되는데도 에너지 낭비를 걱정하는 이유는, 우리에게 쓸모 있는 에너지와 쓸모 없는 에너지가 있기 때문이다. 에너지 낭비를 줄이자고 말할 때의 에너지는 쓸모 있는 에너지를 말한다. 쓸모 있는 에너지란 쉽게 말하면 연료로 쓸 수 있는 에너지이다. 석탄을 태워서 일을 할 수는 있지만 이 때 대기중으로 방출된 열은 아무 쓸모가 없다.

여러 종류의 에너지 중에서 가장 효율적인 에너지가 전기 에너지이다. 왜냐하면 전기 에너지는 각종 가전제품을 통해 다른 에너지로 변환되기 쉽고, 전선을 타고 가므로 한 곳에서 다른 곳으로 이동하기도 하여 다른 에너지보다 이용하기 쉽기 때문이다.

깜짝과학상식

▌석탄은 얼마나 더 채굴할 수 있을까?
지구상의 다른 지하 자원과 마찬가지로 석탄의 매장량도 한정되어 있다. 그렇기 때문에 우리는 석탄을 아껴써야 한다. 하지만 석탄은 석유나 천연가스보다는 매장량이 더 많다. 땅 속에 있는 석탄은 아직도 1, 000년 내지 3, 000년 정도는 더 사용할 수 있을 것이라고 추정된다.

에너지 중에서 가장 비효율적인 에너지는 열 에너지라고 볼 수 있는데, 그것은 열 에너지가 모든 에너지의 변환 과정에서 마지막으로 남는 에너지이기 때문이다. 다시 말해 모든 에너지는 마지막에 반드시 열로 변한다.

옥상에 있는 돌은 위치 에너지를 갖는데 이를 자유낙하시키면 그 위치 에너지가 운동 에너지를 거쳐 결국은 열 에너지로 몽땅 바뀌게 된다. 그런데 열 에너지가 운동 에너지나 위치 에너지로 몽땅 바뀔 수는 없다. 뜨거운 땅 위에 돌멩이를 올려놓았을 때 땅이 식는다고 해서 그 돌멩이가 위로 튀어오르지는 않는다.

열 에너지를 전기 에너지로 바꾸는 것이 화력발전소에 있는 증기 터빈인데 이것은 효율이 40%만 되어도 상당히 양호한 편에 속한다. 하지만 아무리 과학이 발달해도 열 에너지를 100% 전기 에너지로 바꾸는 터빈은 없다. 반면에 전기 에너지를 열 에너지로 바꾸는 것이 전열기인데, 전열기는 아무리 엉망이라도 약간의 빛 에너지를 제외하고 거의 100%를 열 에너지로 바꾼다. 그러므로 모든 에너지의 종착역은 열 에너지라고 할 수 있다. 결국 세월이 갈수록 우리들 주위에는 열 에너지의 비율이 점점 커지게 되는데, 이를 다른 말로 표현하면 '엔트로피는 시간이 갈수록 증가한다.'고 한다.

엔트로피
'무질서' 라고 번역할 수 있는 물리량으로, 엔트로피가 증가한다는 것은 더 무질서해졌다는 뜻이다.

4. 인간이 쓰는 에너지의 근원

우리가 매일 먹는 음식에 들어 있는 화학 에너지는 광합성 작용에 의해서 만들어지는 것이므로 태양 에너지에서 온 것이고, 전기 에너지도 그 원인을 따져 가면 태양 에너지가 그 원동력임을 알 수 있다.

수력발전소에서 만들어지는 전기는 물의 위치 에너지가 전기 에너지로 바뀌는 것인데, 물은 증발에 의해 높은 산골짜기로 올라가게 된다. 물이 증발될 때 물 1g당 540cal의 열이 필요한데 이를 기화열이라고 한다. 그 열은 태양에서 오는 것이므로 결국 물을 산골짜기로 올린 것은 태양 에너지이다.

화력발전에 쓰는 석유나 석탄은 과거 광합성 작용에 의해 자라난 동식물의 유해가 오랜 세월 탄화되어 만들어진 것이므로 결국 화력발전에서 나오는 전기도 태양에서 온 것이다.

그 밖에 바람이 부는 이유는 태양이 대기와 지표를 불균등하게 가열하기 때문이며, 바닷물의 움직임은 지속적인 바람 때문인 경우가 많다. 따라서 바람이나 해류의 모든 움직임도 결국 태양 에너지 때문이다.

우리가 일상적으로 쓰는 에너지 가운데 원자력에서 나오는 에너지만 태양 에너지와 관계가 없다. 그 밖에 태양 에너지에 의해서 생기는 것이 아닌 운동으로는 밀물과 썰물이 있는데, 이는 지구 자체의 자전 운동 에너지와 달의 움직임이 원인이다.

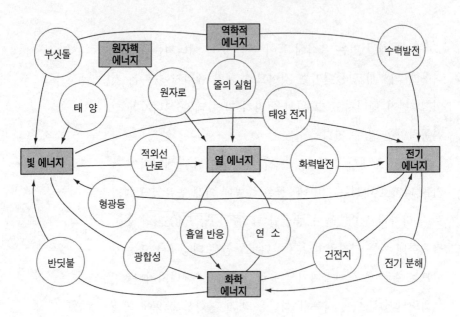

　태양이 발산하는 에너지는 수소폭탄에서 나오는 에너지와 같다. 즉 원자력발전에서 나오는 에너지가 우라늄 원자핵이 분열하는 과정에서 발생하는 것이라면, 태양 에너지는 수소 원자가 융합하는 데서(결과적으로 수소는 헬륨으로, 헬륨은 더 무거운 원소로 바뀐다) 나온다. 태양 에너지는 약간의 원료만 있어도 막대한 에너지가 나오므로 앞으로 50억 년 이상은 태양이 다 타서 없어지면 어쩌나 하는 걱정은 하지 않아도 될 것이다.

생각할문제

■ 다음 중 물리적으로 일을 한 경우는?

① 어떤 과학자가 연구실에서 한 시간 동안 열심히 생각을 하였다.

② 길을 가던 청년이 쓰러지려는 전봇대를 30분 동안 땀을 뻘뻘 흘리면서 수리반이 올 때까지 받치고 있었다.

③ 훈련중인 군인 아저씨가 20kg중의 장비를 어깨에 지고 연병장의 400m 트랙을 20바퀴 돌았다.

④ 지구 주위를 원운동하는 우리별 1호가 지구의 중력을 받아 적도상의 정지 궤도 위를 24시간에 한 바퀴 돌았다.

⑤ 어떤 학생이 2kg중의 가방을 메고 고장난 엘리베이터 때문에 아파트의 15층까지 걸어 올라갔다.

 정답 》》》 ⑤

| 해 설 | 사회적으로는 연구하는 것과 생각하는 것, 사업을 잘하기 위해 궁리하는 것, 심지어 프로 기사가 바둑을 둘 때 생각하는 것도 모두 일을 하는 것이지만, 물리적으로는 이러한 경우 작용한 힘이 없기 때문에 일을 하는 것이 아니다. ①번과 같은 경우가 바로 그런 경우이다. 물체에 힘을 가했더라도 물체가 이동하지 않으면 아무리 힘이 들더라도 일을 하는 것이 아니며, ②번 또한 그와 같은 예이다. 힘이 있고 물체가 이동하더라

도 힘의 방향으로 이동하지 않으면 일을 한 것이 아니다.

③번에서 병사가 어깨에 멘 장비를 들기 위해서 위로 힘을 주는데 장비가 움직이는 방향은 수평 방향이므로 힘의 방향과 이동 방향은 항상 직각이다. $\cos 90° = 0$이므로 병사가 아무리 힘이 들어도 물리적으로 한 일은 0이다. ④번도 지구가 원운동하는 위성에 작용하는 힘은 항상 진행 방향에 직각이므로 하는 일이 없다. ⑤번에서 계단을 하나씩 오를 때마다 자신의 다리에 힘을 주어야 하고 가방을 멘 몸이 위로 움직이므로 이 경우에는 힘과 이동거리와 힘의 방향으로 이동해야 하는 모든 조건을 만족시켰다. 따라서 ⑤번만 일을 했다고 볼 수 있다.

파 동

읽기 전에

파동이란 물질의 한 곳에서 발생한 진동이 물질을 따라 퍼져 나가는 현상을 말한다. 파원과 관측자의 운동 상태에 따라 진동수가 변하는 도플러 효과를 이용하면 멀리 있는 외부 은하가 우리 은하로부터 멀어지는 속도를 측정할 수 있다. 그렇다면 모든 천체가 하나의 점에 뭉쳐 있었던 시기가 지금부터 몇 년 전인지도 계산이 가능하다.

1. 파동이란?

축구장이나 야구장에서 단체 응원을 할 때 '파도타기'라는 것을 한다. 끝에서 시작하여 차례대로 일어났다 앉으면 되는데 정확한 파도를 만들기 위해서는 각자가 일어나는 시간을 잘 맞춰야 된다. 그러기 위해서 옆사람과 어깨를 거는 것이 효과적이다. 일어나기 위해서는 할 수 없이 옆에 있는 사람을 끌고 일어나야 하기 때문에 시간은 저절로 맞춰진다. 이런 경우 한 번만 파도타기를 하기도 하지만 연속적으로 파도를 만들어 전파시키면 멀리서 보았을 때 실제 파도가 치는 것과 똑같은 모양을 연출할 수 있다.

겉으로 보기에만 그런 것이 아니라 실제로 파동이 생기고 퍼지는 과정도 그것과 같다. 매질 자체는 제자리에서 단진동하고 진동하는 영향(에너지)만이 전달되는 것이 파동이다.

➡ 잔잔한 물 위에 물체를 떨어뜨리면 동심원을 그리면서 물결파가 퍼져 나간다. 이때 물분자들은 아래위로 진동만 하고 실제로 퍼져 나가는 것은 진동상태(에너지)이다.

모든 파동은 한 번 진동할 때마다 한 파장 진행한다. 따라서 파동의 속도는 마루에서 마루까지의 거리(파장)를 한 번 진동하는 데 걸린 시간(주기)으로 나누면 된다. 예를 들어 10번 진동하는 데 걸린 시간이 5초이고 진행한 거리가 30m인 파동의 파장은 3m이고 주기는 0.5초이며 파동의 속도는 6m/s이다.

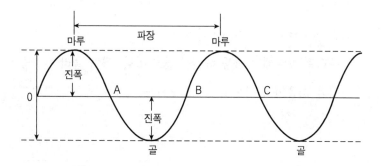

2. 음파와 전자기파

파동의 종류는 크게 두 가지로 나눌 수 있다. 횡파와 종파가 그것이다. 횡파는 매질의 진동 방향과 파동의 진행 방향이 수직인 파동이고, 종파는 매질의 진동 방향과 파동의 진행 방향이 수평인 파동이다.

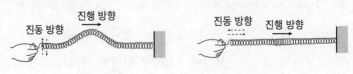

➡️ 파동의 진행 방향과 매질의 진동 방향이 수직인 것이 횡파이고, 파동의 진행 방향과 매질의 진동 방향이 나란한 것이 종파이다.

횡파의 대표적인 예로는 물결파가 있으며, 지진파의 S파, 전자기파 등도 횡파이다. 음파는 종파의 대표적인 예이며 또 다른 종파로는 지진파의 P파가 있다.

우리는 매일매일 파동 속에서 살고 있다. 귀에 들리는 각종 소리와 소음이 음파이고, 눈에 보이는 갖가지 색은 전자기파이다.

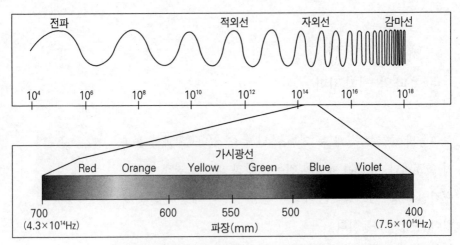

⬆️ 전자기파의 전 영역에서 가시광선 영역은 아주 작은 범위이다. 우리는 이 작은 가시광선 영역의 창을 통하여 세상을 본다. 만약 좀더 넓은 창을 통하여 세상을 볼 수 있다면 세상은 어떤 모습일까?

빨간색과 노란색의 물리적 차이는 전자기파의 파장이 노란색보다 빨간색이 더 길다는 것뿐이다. 우리가 볼 수 있는 빛 중에서 가장 파장이 긴 것이 빨간색이며 가장 파장이 짧은 것이 보라색이다. 보라색보다 파장이 더 짧으면 눈에 보이지 않는데 이를 보라색〔紫色〕의 바깥 영역의 광선이라는 뜻으로 자외선(紫外線)이라고 한다. 또 빨간색보다 파장이 길어도 우리는 볼 수가 없는데 이를 빨간색〔赤色〕의 바깥 영역의 광선이라는 뜻으로 적외선(赤外線)이라고 한다. 전자기파의 파장이 적외선과 자외선 사이에 있으면 우리의 눈이 감지할 수 있고, 파장에 따라 7가지 무지개 색으로 분별해 볼 수 있다. 이렇게 우리가 볼 수 있는 전자기파를 가시광선(可視光線)이라고 한다. 이는 보는 것이 가능한 광선이라는 뜻이다.

가시광선이 없는 깜깜한 밤이라도 눈에 보이지 않는 각종 전자기파는 항상 이 세상을 가득 메우고 있다. 적외선보다 파장이 더 긴 전자기파는 마이크로파라고 해서 전자레인지에서 음식을 가열하는 데 쓰인다. 이보다 파장이 긴 것은 UHF(극초단파) · VHF(초단파) · 단파 · 중파 · 장파 등과 같이 방송이나 전파 통신에 이용되며, 이들은 모두 같은 전자기파로서 파장만이 다른 것이다. 장파의 파장은 수백 km나 되며 빨간색의 파장은 약 8×10^{-7}m, 보라색은 약 4×10^{-7}m이다.

적외선보다 파장이 짧은 것은 X선이라고 불리는 것으로 투과력이 좋아서 살 속에 있는 뼈 사진을 찍을 때 이용한다. 파장이 더 짧은 것으로는 방사성 원소에서 나오는 위험한 방사선인 감마선이 있다. 투과력은 X선보다 더 강하여 아마도 감마선으로 사진을 찍으면 뼈도 보이지 않을 것이다. 무지막지한 투과력을 이용하여 인공 돌연변이를 일으킬 때 쓰일 수 있다.

3. 전자기파의 발생과 전파

전하가 가속도 운동을 할 때, 닭이 알을 낳고 알에서 닭이 나오듯이 전기장의 변화가 자기장을 유도하고 자기장의 변화가 전기장의 변화를 유도하여 자기장과 전기장이 공간으로 퍼져 나가는 것을 전자기파라 한다.

▶ 전기장의 방향(또는 자기장의 방향)과 전자기파의 진행 방향은 서로 수직이므로 전자기파는 횡파이다.

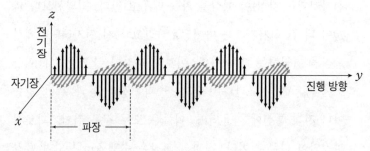

이때 모든 전자기파는 속도가 초속 30만km로 같다. 즉, 1초에 30만km를 간다는 뜻인데 30만km라는 거리는 지구를 일곱 바퀴 반을 도는 거리와 같다. 전자기파는 1초에 지구본

(지구의)이 아닌 진짜 지구를 일곱 바퀴 반을 돈다는 것인데, 상상하기도 힘들 정도로 빠른 속도이다. 모든 파동은 한 번 진동할 때마다 한 파장 진행하므로 파장이 1m인 전파의 진동수는 3억Hz가 된다.

ㄴ. 음정과 음색

한편, 우리의 귀는 항상 어떠한 음파를 포착하고 있다. 높은 소리, 낮은 소리, 듣기 좋은 소리, 귀에 거슬리는 소리 등등. 그러나 모든 종류의 음을 다 들을 수 있는 것은 아니다.

우리가 들을 수 있는 범위에 있는 음은 진동수가 약 20Hz에서 2만Hz까지의 음으로서, 이 범위의 진동수를 가청 진동수라 한다. 그리고 진동수가 2만 번이 넘어서 우리가 들을 수 없는 음을 초음파라고 한다.

인간들은 그것을 들을 수 없지만 박쥐는 초음파를 발생하고 포착하는 능력이 뛰어나 깜깜하고 복잡한 동굴 속의 길을 부딪치지 않고 날아다닐 수 있으며 먹이도 잡고 서로 이야기도 한다. 시력이 형편 없는 박쥐들은 초음파를 이용해 뇌에서 시각 영상을 만들어낸다. 이들이 만들어내는 소리를 우리가 들을 수 없다는 것은 우리에게 무척 다행한 일이다. 왜냐하면 그 소리는 너무 시끄러워 금방 귀를 멀게 할 수도 있기 때문이다.

초음파를 이용하는 또 다른 동물에는 쥐와 돌고래가 있다. 쥐는 박쥐와 달리 초음파로 영상을 만들기보다 상호간의 의사소통 수단으로 사용한다. 우리가 듣는 쥐 소리는 일부에 불과한 것이다.

사람이 들을 수 있는 최저음보다 더 낮은 주파수의 초저음파를 이용하는 동물에는 코끼리가 있다. 코끼리는 12Hz 정도의 초저음파를 이용해 짝을 찾고 서로의 정보를 주고받는다.

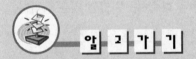

알고가기

초음파의 이용

파장이 짧은 초음파는 회절이 잘 일어나지 않고 직진하는 성질이 강하다.

초음파를 처음 이용한 것은 1916년 프랑스의 물리학자 P. 랑주뱅이다. 그는 초음파를 이용한 수중음파탐지기인 소나를 개발하여 잠수함을 탐지하였다.

그러면 우리 주변에서 초음파를 이용하는 경우를 한번 살펴보자.

먼저 시계점이나 큰 식당에 가면 초음파 세척기를 쉽

게 볼 수 있다. 이것은 초음파로 세정액을 진동시켜 먼지나 기름, 녹, 심지어 음식물 찌꺼기까지 씻어내는 장치이다. 이 초음파 세척은 세척 시간이 짧을 뿐 아니라 모든 이물질을 깨끗이 세척한다는 장점이 있다.

또 병원에서는 초음파가 생체 조직에 따라 반사되는 정도가 다르다는 것을 이용하여 환자에게 필요한 여러 가지 정보를 얻고 있으며, 특히 산부인과에서는 태아의 움직임과 심장 박동 등을 모니터하는 데 이용한다. 또한 자궁암 검사와 같이 X선을 사용할 수 없는 진단법에 널리 사용되고 있다.

환자 치료에도 쓰이는데, 담석이나 신장 결석에 초음파를 쏘아 결석을 잘게 부수어 파괴시켜 버림으로써 치료가 가능하다.

맥주 공장에서는 병에 공기가 들어가지 않도록 초음파로 거품을 내서 맥주를 병에 담고 있다. 초음파의 강한 직진성을 이용하여 수중 통화에도 이용하고 이 밖에도 많은 곳에서 편리하게 이용한다.

진동수가 클수록 우리에게는 높은 음으로 들린다. 음정(音程)은 물리적으로 진동수가 다르기 때문에 생기는 것이다. 큰 북은 진동수가 작기 때문에 낮은 음이 나고 작은북은 진동수가 크기 때문에 높은 음이 난다. 마찬가지로 실로폰의 긴 철판에서 나는 소리가 낮은 음이고 작은 철판에서 나는 소리가 높은 음이다. 기타줄은 가늘고 팽팽할수록 진동수가 커서 높은 음이 난다. 기본음 '도'의 진동수는 대략 256Hz이며 이보다 한 옥타브 높은 '도' 음의 진동수는 512Hz이다.

같은 진동수의 음이라도 피아노에서 나는 음과 기타에서 나는 음이 다른데 이것은 파동의 형태가 다르기 때문이다. 음파는 공기를 매질로 하여 전파하는 종파이기 때문에 그 파동의 형태가 보이지 않는다.

그러나 전자회로의 도움으로 음파의 모양을 볼 수 있게 하는 기계가 '오실로스코프'이다. 이 오실로스코프의 화면상에 나타나는 파동의 모양이 악기의 종류에 따라 독특한 모양으로 나타나는데 이를 음색(音色)이라고 한다.

➤같은 '도' 음(같은 진동수의 음)을 내더라도 악기마다 소리가 다른 것은 파동의 모양이 다르기 때문이다.

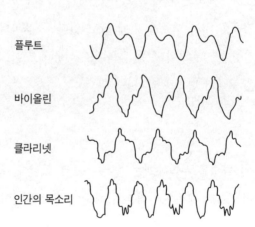

플루트

바이올린

클라리넷

인간의 목소리

그러면 큰 소리와 작은 소리는 물리적으로 무엇이 다른 것일까? 그 차이는 에너지이다. 큰 소리는 에너지가 큰 것이고 작은 소리는 에너지가 작은 것인데, 소리 에너지가 크기 위해서는 매질의 움직임이 커야 한다. 따라서 진동의 폭이 크면 큰 소리이고 작으면 작은 소리이다. 음의 크기, 음의 높이, 음색을 음의 3요소라고 한다.

소리의 빠르기는 전자기파보다는 훨씬 느리다. 온도에 따라 다르지만 상온(常溫)인 섭씨 15도에서 초속 340m이다. 이는 시속 약 1천2백km/시로 매우 빠른 것 같지만 빛의 속도의 1백만분의 1에 불과한 속도이다.

빛과 소리의 속도 차이 때문에 나타나는 현상들 중에 대표적인 것은 천둥과 번개이다. 자연계에 정전기 현상이 대규모로 발생하여 한꺼번에 방전하는 현상이 그것인데, 이때 나는 빛이 번개이고 소리가 천둥이다.

소리보다 빛이 빠르기 때문에 '꽝' 다음에 '번쩍'이 아니라 '번쩍' 다음에 '꽝'이다. 그 둘의 시간 차이가 짧을 때는 가까운 곳에서 일어난 것이고, 시간 차이가 길 때는 먼 곳에서 일어난 것이다. 예를 들어 '번쩍' 5초 후에 '꽝'이 들렸다면 대략 $340m/s \times 5s = 1700m$ 떨어진 곳에서 번개가 친 것이다. 사실은 빛이 오는 데도 시간이 걸리지만 빛이 소리에 비해 워낙 빠르기 때문에, 빛은 번개가 발생한 것과 동시에 우리에게 도달된다고 해도 거의 오차가 없다.

5. 도플러 효과로 우주의 나이 계산

기적을 울리며 지나가는 기차가 내는 소리를 잘 들어보면 기차가 나에게 접근할 때와 나로부터 멀어질 때, 기적 소리의 음정(소리의 높낮이)이 다르게 들린다. 접근할 때는 높은 음으로 들리다가 나를 지나쳐 가는 순간 음정이 갑자기 떨어진다.

이러한 현상을 도플러 효과라고 하는데, 파원과 관측자의 운동 상태에 따라 진동수가 변하는 현상이다.

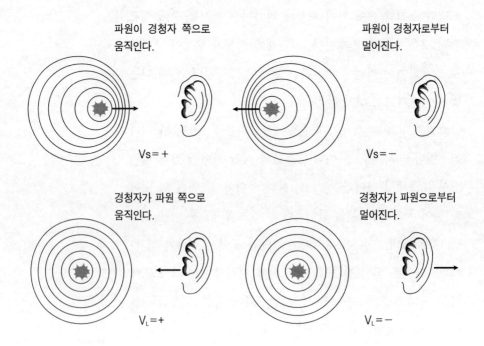

파원이 경청자 쪽으로 움직인다.

$V_s = +$

파원이 경청자로부터 멀어진다.

$V_s = -$

경청자가 파원 쪽으로 움직인다.

$V_L = +$

경청자가 파원으로부터 멀어진다.

$V_L = -$

상대적으로 접근하고 있으면 파장이 짧아지고 진동수가 커져서 높은 소리가 나는 것으로 들리고, 빛에서는 보라색 쪽으로 변하는 것으로 보인다. 또 상대적으로 멀어지는 경우에는 파장이 길어지고 진동수는 작아져서 낮은 음으로 들리고, 빛에서는 빨간색 쪽으로 변하는 것으로 보인다.

파장이 짧아지거나 길어지는 정도는 물론 상대적으로 얼마나 빨리 접근하느냐 멀어지느냐 하는 것이다. 이 원리를 이용한 것이 경찰이 과속 차량을 적발할 때 쓰는 스피드 건이다. 스피드 건에서 달리는 자동차를 향해 전파가 발사되면 이 전파가 자동차에서 반사하여 다시 스피드 건으로 오게 되는데, 이때 수신되는 전파의 진동수는 자동차의 속도에 따라 다르게 측정된다. 이렇듯 진동수와의 차이를 이용하면 자동차의 속도를 구할 수 있다.

우리 은하의 외부에 있는 은하들에서 방출하는 빛을 분석하면 모든 광선이 빨간색 쪽으로 평행 이동되어 나타난다는 것을 알 수 있다. 그 평행 이동되는 정도를 측정하면 우리 은하와 외부 은하 사이의 상대 속도를 결정할 수 있다. 그 결과, 멀리 있는 은하일수록 우리 은하에서 더 빨리 멀어진다는 사실이 밝혀졌다. 시간을 과거로 거슬러 올라가면, 약 150억 년쯤 전에는 모든 은하들이 한 점으로 모여 있어야 한다는 계산이 나온다.

이는 마치 달리기를 하는 선수들이 출발할 때는 출발선에 모여 있다가 출발 신호와 함께 출발하는데, 속도가 빠른 선수는 앞서 가고 느린 선수는 뒤에 처져 느린 선수와 빠른 선수의 거리가 점점 멀어지는 것과 같다. 이와 같은 상황을 처음부터 카메라로 촬영한 다음 이를 거꾸로 돌리면 사람들이 뒷걸음질치게 되고 마침내 출발선에 가지런히 모이게 되면서 '쾅' 하고 출발 신호탄이 터지는 소리가 들리게 된다.

우주의 초기에도 이와 같은 사건이 있었다. 모든 은하들이 한 곳에 모여 있다가 그 시각에 대폭발이 일어나서 서로 멀어지기 시작했고, 지금까지 멀어지고 있어서 우주가 팽창하고 있다는 것이 대폭발설(big bang theory)이다.

하늘은 왜 파랄까?

태양광선이 대기에 들어올 때 보라색과 푸른빛은 대부분 산란되고 초록색, 노란색, 주황색, 빨간색의 순서로 산란이 적게 된다. 비록 보랏빛은 푸른빛보다 대기중의 공명자로부터 더 많이 산란되지만 사람의 눈은 보라색보다는 푸른빛에 훨씬 더 민감하므로 우리가 보는 하늘의 합성색은 연한 푸른빛으로 나타난다.

재미있는 사실은, 공기중의 질소나 산소분자보다 훨씬 더 큰 수많은 먼지나 입자로 들어차 있을 때 진동수의 빛이 더 많이 산란되어 하늘은 덜 푸르게 보이고 더 희끄무레한 색으로 물들게 된다는 것이다. 그러나 심한 폭풍우 뒤에는 입자들이 씻겨 나가므로 하늘은 짙은 파란색으로 변한다.

생각할 문제

소리의 속도가 자전거의 속도보다 훨씬 느리다면 우리의 생활은 어떻게 될까? 다음 두 가지 경우에 대해서 생각해 보자.

① 경음기(클랙슨) 문제
② 대화를 하는 데 있어서의 문제

| 해 설 | ① '따르릉 따르릉 비켜나세요. 자전거가 나갑니다. 따르르르릉' 하는 노래는 생길 수 없었을 것이다. 왜냐하면 따르릉 소리를 듣기도 전에 자전거가 먼저 부딪치게 될 것이다. 그러니 경음기는 자전거나 자동차에서는 무용지물이다.

그렇게 되면 경음기 대신 낮에도 라이트를 번쩍번쩍하는 것으

로 경고를 대신할 수밖에 없게 된다. 실제로도 밤에는 그렇게 경음기를 대신하는 경우가 많다. 그러나 낮에는 전조등 빛이 햇빛에 묻혀서 잘 보이지 않으므로 전조등의 강도를 몇 배 높여야 할 것이다.

② 무엇보다도 대화를 하는 데 심각한 문제가 생길 수 있다. 말하는 사람과 듣는 사람이 정지 상태이면 문제가 없겠지만, 둘 중 어느 쪽이든 음속보다 빠르게 움직이면 문제는 복잡해진다. 즉 멀리서 이야기하며 음속보다 빠르게 걸어오는 사람이 있을 때, 듣는 사람에게는 먼저 발음한 것이 나중에 오고 나중에 발음한 것이 먼저 와서 '동대문'이 '문대동'으로 들릴 것이다. 더구나 긴 문장일 경우 도저히 판별이 불가능한 이상한 말이 될 것이다.

그런데 문제는 그렇게 차례대로 거꾸로만 바뀌는 것이 아니라 말하는 사람이 나를 비스듬히 지나가면서 하는 말은 그 사람이 지나가는 경로 중에 나와의 최단거리에 있을 때 발음한 것이 제일 먼저 들리고 그 전이나 후에 발음한 것은 그 후에 순차적으로 들릴 것이기 때문에 그야말로 말이 뒤죽박죽된다.

예를 들어 '우리 저녁에 도서실에서 만나자.'라는 말을 하면서 내 옆을 지나가는 친구가 있다고 하자. 그 친구가 '도'자를 발음할 때 나와 가장 가까운 거리를 지나갔다면 나에게 가장 먼저 들리는 소리는 '우'자가 아니라 '도'자가 될 것이고, 그 전과 후에 발음된 '에'자와 '서'자가 섞여서 다음에 들릴 것이므로 무슨 말을 하고 있는지 전혀 모르게 된다.

만약 음속보다 느리게 움직이면서 말을 해도 도플러 효과에 의해서 말하는 사람의 음성은 심하게 변조될 것이다. 흔히 TV에서 음성 변조라 불리우는 괴상한 소리는 말하는 사람의 운동 상태에 따라서 다르게 들린다. 즉 서로 접근하면서 말하면 저음의 남자 음성도 어린아이의 재잘거림으로 들리고 서로 멀어지면 재잘거리는 소리도 가라앉은 저음으로 들리게 된다.

빛의 속도와 매질

읽기 전에

빛은 공간 자체가 매질이다.

빛의 매질을 에테르라고 가정하고 에테르에 대한 지구의 절대 속도를 측정하기 위한 실험을 하였으나 성공하지 못했다. 결국 빛의 매질은 필요없고 빛의 속도는 누구에게나 똑같다는 결론이 내려졌다.

1. 빛의 속도 문제

빛의 속도를 측정하려고 시도한 최초의 사람은 뉴턴이었다. 그는 깜깜한 밤에 멀리 떨어져 있는 산꼭대기에 세워 둔 거울에 빛을 보내어 돌아오는 데 걸리는 시간을 재는 실험을 했다. 그러면 거울까지의 거리 두 배(갔다가 왔으니까)를 시간으로 나누면 빛의 속도가 된다고 생각했다.

그러나 지금 우리가 알고 있는 빛의 속도를 감안한다면 그 실험이 제대로 되었을 리 없다. 빛은 1초에 지구를 일곱 바퀴 반이나 도는 속도이다. 그래서 웬만한 거리는 갔다오는 데 전혀 시간이 걸리지 않는다. 뉴턴이 빛을 보내는 시각이 곧 거울에 반사된 빛이 보이는 시각이었을 것이므로 시간 차이를 잴 수 없었을 것이다.

그 후에 빛의 속도를 구한 사람은 덴마크의 천문학자인 뢰메르였는데, 그는 목성의 위성인 '이오'의 공전주기를 측정하다가 우연히 빛의 속도를 계산하게 되었다.

그는 이오가 목성 주위를 한 바퀴 도는 데 걸리는 시간이 지구가 목성을 향해서 갈 때보다 목성에서 멀어질 때가 항상 더 길다는 사실을 발견했다. 그 원인이 무엇인지 알아내기 위해 고심한 결과 빛이 지구까지 오는 데 시간이 걸리기 때문이라고 생각했다. 공전주기란 시간 간격이기 때문에 지구가 목성으로부터 멀리 있다고 커지는 것이 아니다. 늦게 시작해서

뢰메르
(Olans Römer, 1644~1710)
덴마크의 천문학자. 코펜하겐 천문대장을 역임하였다. 목성의 위성을 연구중, 잠식하는 간격이 계절에 따라 변동하는 사실로부터 광속도가 유한함을 발견하였다. 처음으로 그 수치를 매초 227,000km로 산출하였다.

늦게 끝나기 때문에 어차피 시간 간격은 마찬가지다.

■ 뢰메르의 빛의 속도 측정 ■

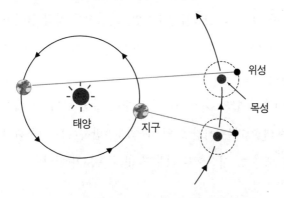

그러나 접근하면서 재느냐 멀어지면서 재느냐 하는 것은
다르다. 시작하는 시점과 끝나는 시점의 거리가 다르기 때문
에 마치 도플러 효과에서 음원에 접근할 때는 파장이 짧아지
고 음원에서 멀어질 때는 파장이 길어지듯이 지구가 목성에
접근할 때는 이오의 공전주기가 짧아지고, 멀어질 때는 공전
주기가 길어진다. 그 시간 차이를 계속 더해가면 결국 지구가
목성에 가장 가까웠을 때부터 가장 멀 때까지(지구의 공전지
름)가 빛이 통과하는 데 걸리는 시간이 되고, 그 당시 알려져
있었던 지구의 공전지름을 그 시간으로 나누면 빛의 속도가
된다.

지상에서 최초로 빛의 속도를 잰 사람은 피조이다. 그는 톱
니바퀴를 고속으로 회전시켜 톱니바퀴 사이로 빛을 보내 멀

피조(Armand
Hyppolyte Louis
Fizeau, 1819~
1896)
프랑스의 물리학자.
1849년 반사경과 톱
니바퀴를 이용하여 광
속도를 측정하고,
1851년 운동 물체 속
의 광속도를 측정하는
한편, 도플러 효과로
부터 별의 시선 속도
를 결정할 수 있다는
것을 밝혔다.

리 떨어져 있는 거울에 반사되어 돌아오는, 지극히 짧은 시간을 재는 데 성공했다. 톱니를 고속으로 회전시켜 톱니 사이로 빛을 보낼 때, 회전수가 적으면 톱니 사이로 빛이 빠지자마자 다시 그 구멍으로 돌아오지만, 회전수를 점점 늘려가면 빠져나간 빛이 돌아올 때 다음 톱니에 걸려서 돌아올 수가 없게 된다.

1초 동안의 회전수와 톱니수를 알면 톱니 한 개가 지나가는 데 걸리는 시간을 알 수 있고, 반사하는 거울까지 거리의 두 배를 그 시간으로 나누면 빛의 속도가 된다.

▍톱니바퀴를 이용한 빛의 속도 측정▍

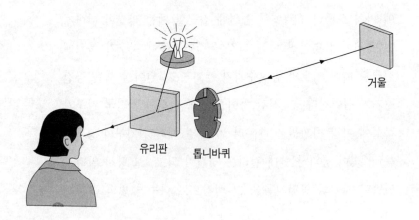

거울

유리판   톱니바퀴

2. 빛의 매질 문제

파동은 매질이 단진동 운동하고 그 단진동 운동하는 것이 매질을 타고 퍼지는 현상으로, 매질이 없는 파동은 생각할 수가 없다. 물결파는 물 위에서 발생하고 지진파는 땅이 매질이며, 음파는 공기에 눈에 보이지 않는 소(疎)와 밀(密)이 번갈아 생기면서 퍼지는 것이다.

물이 없는 물결파는 생각할 수 없고, 땅이 없는 지진은 있을 수 없다. 물결파나 지진파는 눈으로 보이고 감각으로 느낄 수 있으므로 분명해 보이지만, 공기는 눈에 보이지 않아 과연 공기가 없어도 소리가 들릴 것인지는 의문이 남는다. 그러나 간단한 실험으로 이를 확인할 수 있다.

작은 종을 넣고 밀봉한 유리관을 흔들어 종을 칠 때 유리관 속에 공기가 있으면 유리관 밖으로 소리가 들리지만, 공기펌프로 유리관 속의 공기를 모두 빼내면 아무리 유리관을 흔들어도 소리가 들리지 않는다. 공기가 없는 우주에 나가서는 바로 옆에 있는 사람에게도 이야기를 할 수 없다.

그러면 전자기파인 빛의 매질은 무엇인가?

빛이 있는 곳에는 항상 그 빛을 있게 하는 매질이 있다. 공기 속은 물론이고 물, 유리, 방해석, 불투명한 고체도 통과하므로 거의 모든 물체 속에 매질이 있어야 한다. 심지어 아무것도 없는 공간인 진공에도 빛의 매질은 있어야 한다. 그 매질은 질량을 측정할 수 없을 정도로 작아야 하면서도 탄력은 극단적으로 커야 한다. 왜냐하면 탄력이 좋을수록 파동의 속도가 빠르기 때문인데, 빛의 속도는 다른 어떤 파동보다 빠르다.

지금으로부터 100년 전쯤까지 거의 모든 과학자들은 그러한 매질이 있을 것이라고 믿었다. 그래서 우주를 꽉 채우고 있을 그 가상의 물질을 '에테르'라고 이름까지 지어 놓았다.

에테르는 우주 전체를 채우고 있으면서 정지한 것이라고 생각되었으므로, 에테르에 대한 속도를 재면 모든 물체의 절대적인 진짜 속도를 결정할 수가 있을 것이라고 보았다. 에테르에 대해 운동하고 있는 것이 진짜로 운동하고 있는 것이며, 에테르에 대해 정지하고 있는 것이 진짜로 정지해 있는 것이라고 하는 것은 자연스러운 것이다.

그렇게 되면 에테르에 대해 정지해 있는 위치의 과학자가 물리적으로 유리한 위치에 있게 된다. 모든 물체의 물리적인 자료가 에테르를 기준으로 한 진짜 속도로 되어 있을 것이므로 항상 자신의 속도를 고려하여 자신의 좌표로 자료를 변환시켜야 하는데, 에테르에 대해 정지해 있는 사람은 그 자료를 그대로 쓰면 되기 때문이다.

이것은 다음과 같은 비유가 가능하다. 즉 영국이나 미국에서 태어난 사람은 다른 곳에서 태어난 사람보다 문화적으로 유리하다. 문화적인 자료가 영어로 기록되어 있는 경우가 압

도적으로 많아서 영어를 사용하지 않는 나라의 사람들은 그
것을 자기 말로 번역해야 하지만 그들은 그대로 읽으면 되기
때문이다.

그래서 에테르에 대한 지구 절대 속도를 재기 위한 실험이
1887년 마이컬슨과 그의 제자 몰리에 의해 시도되었다.

지구의 공전속도는 태양에 대해 약 30km/s이지만, 그것은
절대적인 속도가 아니고 태양에 대한 상대 속도일 뿐이다. 태
양도 다른 별에 대해 운동하고 있으며 태양이 속해 있는 우리
은하도 운동하고 있으므로 지구의 속도가 30km/s라는 것은
순전히 태양에 대해서만 그렇다는 것이다. 그러나 에테르가
지구를 따라 회전할 확률은 없으므로 일 년 중 지구의 속도가
최소한 30km/s인 계절이 있을 것이다.

빛은 에테르를 매질로 해서 전파되므로 빛을 따라가면서
재는 속도와 빛을 거슬러가며 재는 속도는 다르게 측정된다.
하지만 빛의 속도가 워낙 빠르기 때문에 웬만한 속도는 빛에
대해서 정지해 있는 것과 마찬가지이다.

예를 들어 고속도로에서 자동차의 라이트를 켜고 달리면서
자기 차가 내는 빛의 속도와 달려오는 차에서 나오는 빛의 속
도는 당연히 다르게 측정되어야 하지만, 자동차가 200km/h
의 속력으로 달려도 빛의 속도의 0.0000185%밖에 안 되기
때문에 측정이 불가능하다. 그러한 상황은 8km/s의 속력으
로 달리는 로켓 안에서도 별로 개선되지 않는다.

마이컬슨·몰리의 실험
1881년에 미국의 물리학자 마이컬슨이 실험한 후 1887년에 마이컬슨과 몰리가 에테르의 지구에 대한 운동을 검출하려는 반복 실험이다. 에테르설을 부정하는 결과가 되어, 상대성 이론 탄생의 계기가 되었다.

그러나 우리는 공전하는 지구 위에 살고 있다. 지구의 태양에 대한 속력이 30km/s인데 이는 빛의 속도의 만분의 1이므로 실험장치만 정교하면 그 차이를 포착할 수 있다.

마이컬슨은 빛의 속력을 정밀하게 재는 전문가로서 실험의 정확도는 다른 학자들도 충분하다는 판단에서 실험을 하였다. 1년을 두고 계속 실험을 했으나 예상되는 결과를 얻는 데 실패했다. 즉 그 실험을 인정한다면 빛의 속도는 빛을 따라가면서 측정하나 거슬러가면서 측정하나 진공에서는 30만 km/s라는 것이다. 극단적으로 말해서 빛의 속도와 같은 속도로 빛을 쫓아가도 빛은 여전히 빛의 속도로 도망간다.

그 실험 결과에 대한 여러 학자들의 다양한 해석이 나왔다. 어떤 학자는 물체가 움직일 때는 에테르를 같이 끌고 가기 때문에 지구가 움직여도 지구 주위의 에테르는 움직이지 않는다고 했고, 어떤 학자는 모든 물체는 운동 방향으로 길이가 짧아진다고 했다. 그러나 어떤 이론도 이들을 일관성 있게 설명하지는 못했다.

만약 마이컬슨과 몰리의 실험이 성공했다면 지구의 절대 속도가 측정되는 것이고, 그런 방식으로 모든 물체의 에테르에 대한 속도가 확정되면 어떤 물체가 물리적으로 우세하냐 하는 것이 결정된다.

이것은 우주에 두 물체가 서로 10이라는 속도로 접근하고 있을 때, 그 두 물체가 각각 반대 방향으로 5의 속도로 접근하는 것인지, 하나는 가만히 있고 다른 하나가 10으로 접근하는 것인지, 아니면 뒤에 있는 것의 속도가 앞의 것보다 10이 빠른 것인지를 알 수 있다는 것이다. 심지어 우주에 한 개의 물체가 있어도 그것이 정지한 것인지 운동하고 있는 것인지를 결정할 수 있다는 것이 된다.

그러나 실험 결과 그와 같은 것은 불가능하다고 해석할 수밖에 없다. 비교할 대상이 없는 운동이 어떤 의미가 있을 것인가?

아인슈타인은 주장하였다. 빛은 공간 그 자체가 매질이기 때문에 에테르라는 물질은 존재할 필요가 없다. 또한 빛의 속도는 누구에게나 같아서 어떠한 운동을 하는 사람에게나 물리적으로 우세한 위치가 있을 수 없다.

마치 지구는 상하·좌우·전후가 대칭이므로 지구 위 어디에서나 물리적으로 동등한 것처럼 우주 전체에서도 어느 곳에 있으나 같은 물리 법칙을 적용할 수 있다는 것이다.

다음 그림은 회전원판에 슬릿이 한 개 있는 빛의 속도 측정
장치이다.

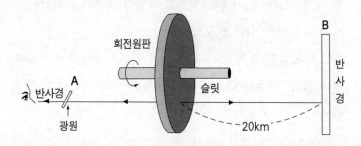

이 장치를 이용하여 측정된 빛의 속도는 3×10^8m/s이고
회전원판과 반사경 B 사이의 거리는 20km이다. 반사경 A에
서 반사된 빛이 반사경 B에서 다시 반사하여 우리 눈에 도달
하려 할 때 회전원판의 최소 회전수는 얼마인가?

| 해 설 | 그림에서는 사람과 회전원판 사이의 거리와 반
사경과 회전원판 사이의 거리가 비슷하게 그려져 있지만 이 실
험 장치에서 반사경만 멀리 떨어져 있고 다른 실험 장치들은 같
은 장소에 있는 것이다.

그림을 보면 빛이 반사경에서 반사해서 돌아오는 사이에 회전
원판이 정확히 한 번 회전하면 회전원판이 정지해 있을 때와 마
찬가지로 빛이 왕복하여 반사경까지 올 수 있다. 왕복하는 데

40km이므로 왕복하는 데 걸리는 시간은 (40000m)/(3×
10^8m/s)이고, 1초에 회전하는 수는 이 값의 역수이다. 따라서
(3×10^8m/s)/(40000m)＝7.5×10^3Hz이다.

마찰전기와 정전기 유도

읽기 전에

밤에 스웨터를 벗을 때 정전기에 의한 방전 때문에 깜짝 놀라는 경우가 있다. 이와 같은 현상이 자연계에서 대규모로 일어날 때 나는 빛이 번개이고 이때의 소리가 천둥이다. 이런 모든 현상은 자연계의 기본적인 상호 작용 중의 하나인 전기적인 상호 작용에 의해 일어난다.

1. 천둥과 번개는 어떤 것인가?

여름에 먹구름이 몰려오고 비바람이 치면 대개의 경우 천둥과 번개를 동반한다. 옛날에는 하늘이 벌을 내리는 것이라 하여 대책 없이 잠잠해지기만을 기다렸으나 지금은 벼락이 떨어질 만한 곳에 피뢰침을 세워 이를 예방한다.

밤에 스웨터를 벗을 때, 뿌따딱 소리를 내며 번쩍이는 빛을 볼 수 있다. 이렇듯 자연계에서 대규모로 일어날 때 나는 빛이 번개이고 이때 나는 소리가 천둥이다. 또 건조한 날, 문고리를 잡을 때나 컴퓨터 모니터를 만질 때 우리를 깜짝 놀라게 하는 정전기 방전도 이와 같은 현상이다.

깜짝 과학 상식

■ 자동차에 붙어 있는, 바닥에 질질 끌리는 검은색 밴드는 어떤 역할을 할까?

자동차가 달리면 길거리에서 바퀴가 마찰됨으로써 전기가 흐를 수 있다. 자동차의 타이어 때문에 자동차는 땅과 절연되어 있다. 운전자가 자동차를 막 타려 할 때 땅과 자동차가 서로 닿게 되면(발이 땅에, 손이 자동차 문에) 손이 따끔거릴 수 있다. 이것은 자동차가 전기 방전을 하기 때문이다. 그러므로 바닥에 질질 끌리는, 전기 전도성 물질로 만든 밴드는 충전된 전압을 즉시 다른 방향으로 유도해서 자동차에 정전기가 발생하지 않도록 한다.

2. 피뢰침의 원리

천둥 번개가 생기려면 우선 많은 전하가 축적되어야 한다. 그러기 위해서는 비교적 작은 범위에 전하가 모여야 하므로 문고리나 모니터 주변 혹은 스웨터처럼 부도체라야만 전하가 이동하지 못하고 축적될 수 있다. 그 축적된 전하가 너무 많아 서로의 척력에 의해 흩어지려는 힘이 이를 막으려는 저항보다 크면 마치 홍수에 둑이 무너지듯 전하가 다른 곳으로 한꺼번에 이동한다. 이것이 정전기 방전인데 규모가 커지면 천

등과 번개가 된다.

이를 막기 위해서는 전하가 쌓이지 못하도록 미리 접지를 시켜놓아야 하는데, 그것이 바로 피뢰침이다.

| 피뢰침의 원리 |

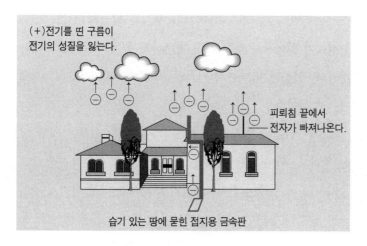

(+)전기를 띤 구름이 전기의 성질을 잃는다.

피뢰침 끝에서 전자가 빠져나온다.

습기 있는 땅에 묻힌 접지용 금속판

그러나 만약 피뢰침이 끊어져서 접지가 제대로 되어 있지 않으면 정전기 유도에 의해 그곳에서 방전이 일어나므로 천둥과 번개를 불러들일 수 있다.

비유하자면, 수학여행을 가서 남학생 숙소 옆에 여학생들의 숙소가 있으면 남학생들은 그쪽 방향의 창가로 몰리게 마련이다. 그러한 것은 여학생 쪽도 마찬가지인데, 현관에서는 선생님들이 철저히 감시하고 있기 때문에 서로 만날 수가 없으므로 상대방을 볼 수 있는 창가로 모이게 되고 그것이 심해지면 유리창을 밀치고 와장창 상대방 쪽으로 떨어지게 된다. 이때 남학생과 여학생을 음전하와 양전하, 주위가 절연되는 것은 선생님의 감시라고 비유할 수 있다.

또 남녀 학생들이 창가로 몰리는 것은 정전기 유도와 비슷하고, 너무 많이 몰렸을 때 창문이 지탱하지 못하고 와장창 깨지는 것이 바로 천둥과 번개가 생기는 원리라 할 수 있다. 학생들이 떨어지는 것은 위치 에너지가 운동 에너지로 바뀌는 것인데, 천둥과 번개는 전기적인 위치 에너지가 열 에너지로 바뀌는 것이다.

천둥과 번개를 방지하기 위해서 피뢰침을 세우는 것과 같은 원리로, 이와 같은 사고를 방지하려면 학생들이 한쪽으로 몰리지 못하게 해야 한다. 그러기 위해서는 너무 심하게 감시하지 말고 가능하면 필요할 때마다(인력이 작용할 때마다) 두 전하 사이에 도체인 피뢰침으로 연결하는 것처럼, 남학생 숙소와 여학생 숙소 사이에 구름다리를 만들어 주어야 한다. 그러면 한쪽으로 몰려서 와장창 떨어지는 사고를 방지할 수 있으나, 구름다리가 너무 좁거나 중간이 끊어지면 오히려 대형 사고를 일으킬 수도 있다.

전기가 잘 통하는 도체 주위에 전기를 띤 대전체를 가까이 가져갔을 때 대전체와 같은 종류의 전하는 척력을 받아 도체의 끝으로 멀어지고 다른 종류는 인력을 받아 끌려와서 도체 내부에 있는 양전하와 음전하가 분리되는 현상을 정전기 유도라고 한다.

◀ 금속구 반대쪽에 손가락을 접촉시키면 음전하는 밖으로 흐르게 되고 알짜 양전하만 구에 남게 된다.

이를 이용하면 어떤 미지의 물체의 대전 유무를 알 수 있는 검전기를 만들 수 있다. 금속판의 아래쪽에 가벼운 도체인 금속박을 두 장 붙여놓았다. 검전기의 금속판 근처에 털가죽으로 문지른 볼펜을 가까이하면 볼펜은 −전하를 띠고 있으므로 +전하는 위로 당기고, −전하는 금속박으로 밀어내어 금속박의 양쪽에는 −전하만 있게 된다. 같은 전하는 척력이 작용하므로 두 장의 금속박은 벌어지게 된다.

전하는 눈에 보이지 않지만 금속박이 벌어지는 것으로 볼

볼펜

금속박에 음전하가 모이므로 척력에 의해 멀어진다.

검전기

펜이 전기를 띠고 있다는 것을 알 수 있다. 물론 이런 실험만으로는 대전체가 띠고 있는 전하가 +인지 −인지는 판별할 수 없다.

↑ 건조한 겨울날 머리를 빗을 때 머리카락이 간혹 자기 멋대로 움직이는 것처럼 보인다. 머리카락이 서로 반발하는 원리는 무엇일까?

일반적으로 두 물체를 마찰시키면 두 물체에 마찰전기가 발생하는데 두 물체 중에 어느 것이 +전기를 띠고, 어느 것이 −전기를 띠는지는 그 물체의 성질에 따라 결정된다. 털가죽이나 털헝겊은 어느 것과 마찰해도 +전하를 띠고, 에보나이트나 폴리에틸렌은 어느 것과 마찰해도 −전하를 띤다. +전하를 띠기 쉬운 물질은 전자를 내보내기 쉽고, −전하를 띠기 쉬운 물질은 전자를 받아들이기 쉽다.

　+전하를 띠기 쉬운 순서대로 몇 가지 물질들을 늘어놓으면 다음과 같은데, 이를 '대전열' 이라 한다.

털―유리―종이―비단―금속―고무―황

털가죽으로 유리를 문지르면 유리는 ―전하를 띠지만 비단으로 문지르면 +전하를 띤다.

3. 전하를 담는 병―축전기

전하를 저장해 두는 병에 라이덴병이 있다. 네덜란드의 라이덴 대학에서 전하를 어떻게 병에다 담을지 생각하다가 물을 담는 것과 비슷한 이치이지만 전혀 다른 방법으로 전하를 병에 담을 수 있음을 발견했다.

라이덴병은 병의 안팎에다 은박을 입힌 구조로 되어 있는데 전하는 병뚜껑에 삽입된 도체 막대로부터 끌어낸다. 라이덴병은 전하를 저장하기 때문에 축전기라고 부르고, 축전기를 간단하고 효율적으로 만들려면 알루미늄 막판 사이에 기름종이를 끼워 둘둘 말면 된다.

축전기의 용량은 두 판이 넓을수록 크고, 판 사이의 거리는 되도록이면 가까우면서 강력하게 절연되어 있어야 한다. 서로 강력한 전기력으로 당기고 있지만 합쳐지지는 않아야 전하가 오래 머물 수 있기 때문이다.

축전기는 도체가 서로 분리되어 있기 때문에 전류를 통과

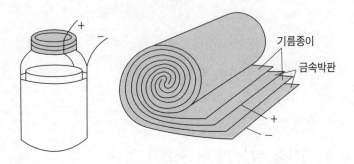

기름종이
금속박판
+
−

시키지 않으므로 저항과는 다르고, 다양한 전압값을 가질 수 있도록 충전되기 때문에 하나의 전압만 산출하는 전원(배터리)과도 다르다. 축전기는 전류를 생산하는 것이 아니므로 발전기와도 다르다. 축전기는 전기 에너지의 저장소이다.

축전기에 전지를 연결하면 축전기에 저장되는 극히 짧은 순간에만 전류가 흐르고 축전기에 전하가 채워지자마자 전류가 끊어지지만, 교류전원을 연결하면 양·음전하가 교대로 저장되면서 계속 전류가 흐른다. 이때 흐르는 전류는 축전기의 용량이 클수록, 음·양의 교대가 빠를수록 커진다.

$$V = V_1 + V_2 + V_3$$

$$\frac{1}{c} = \frac{1}{c_1} + \frac{1}{c_2} + \frac{1}{c_3}$$

c_1
$+Q$ $-Q$ $+Q$ $-Q$ $+Q$ $-Q$
c_2 c_3

$\leftarrow V_1 \rightarrow$ $\leftarrow V_2 \rightarrow$ V_3

V

직렬 연결

$$V = V_1 = V_2 = V_3$$

$$C = C_1 = C_2 = C_3$$

병렬 연결

축전기를 병렬로 연결하면 축전기의 판이 넓어진 것과 같아서 용량은 그만큼 커지지만, 직렬로 연결하면 판 사이의 거리가 멀어지는 것과 같아서 용량은 작아진다.

4. 전하는 소비되는가?

전하란 돌아다니면서 선풍기도 돌리고 전구에 불을 켜기도 하며 텔레비전을 작동시키는 등 모든 전기현상을 일으키는 원인이 되는 것을 말하는데, 양전하는 원자핵이, 음전하는 전자가 가지고 있으나 주로 전자가 움직임으로써 이동된다. 전자나 원자핵은 너무 작기 때문에 그들이 어떤 방식으로 움직이며 어떤 작용을 하는지 알기가 쉽지 않은데, 그들의 움직임은 물이 흐르는 것과도 비슷하다.

물이 수위 차이에 의해 수압이 높은 곳에서 낮은 곳으로 흐르듯이 전하는 전위 차이에 의해 전위가 높은 곳에서 낮은 곳으로 흐르며, 전하의 흐름(전류)은 두 점의 전위차(전압)에 비례한다. 전하는 케이블을 타고 이동되며 물도 파이프를 통해 이동하고, 큰 물을 보내기 위해서는 파이프가 굵어야 하는 것처럼 큰 전류를 보내기 위해서는 굵은 전선을 사용해야 한다.

┃ 물과 전하의 대응 ┃

물	전 하
수 압	전 압
유 수	전 류
파이프, 강	전 선
물탱크, 댐	전지, 발전소
수 위	전 위
수위차	전위차
위치 에너지	전기 에너지
파이프 굵기, 길이, 상태	저 항

각 가정에서 쓰는 전기는 전기계량기에 의해 측정되고 물은 수도계량기에 의해 측정된다. 전류가 발전기에서 오는 것처럼 큰물은 댐이나 수원지에서 보내지며 작은 규모의 물은 각각의 건물 옥상에 있는 물탱크에서 보내진다.

우리가 쓰는 물은 없어지는 것이 아니라 하수도를 통해서 강으로 돌아가며 햇빛에 의해 증발되어 구름이 되고 다시 댐으로 들어가 순환되므로 전체 물의 양은 항상 보존된다.

마찬가지로 전기를 쓰는 것은 전하를 소비하는 것이 아니라 전기 에너지를 쓰는 것이다. 물을 써도 없어지지 않는 것은 질량 보존의 법칙에 근거를 두고, 전기를 써도 전하가 없어지지 않는 것은 전하량 보존 법칙과 관계가 있다.

전하량 보존 법칙이란 전하량이 어떤 경우라도 보존된다는 법칙으로 불을 켜기 전의 전하량과 후의 전하량이 차이가 없다는 것이다.

우리는 물로 세수도 하고 빨래도 하며, 마시기도 하는데 그렇다고 세수나 빨래를 하기 전과 후에 물의 양이 줄어드는 것은 아니다. 엄밀하게 이야기하면 물리적으로 소모된 것은 물이 아니라 물이 가지고 있는 위치 에너지이다.

마찬가지로 우리가 전기를 쓴다고 할 때 전하가 없어지는 것이 아니라 그 전하가 가지고 있는 전기적인 위치 에너지(전기 에너지)를 쓰고 있는 것이다. 전하가 없어지지 않는다고 해서 전기세를 낼 필요가 없다고 생각하면 안 된다. 왜냐하면 없어지는 전기 에너지를 만들기 위해서는 계속적으로 다른 에너지(수력발전일 경우는 물의 위치 에너지, 화력발전은 석탄이나 석유가 갖는 화학 에너지, 원자력발전은 원자핵 에너지)를 공급해 주어야 하고, 그러기 위해서는 비용이 들기 때문이다.

전하량이 보존되는 것을 확인하려면 불을 켜기 전의 전하량과 후의 전하량을 재야 되는데 1A(암페어)의 전류란 1초에 1C(쿨롱)의 전하가 지나가는 것이므로 전류계와 초시계를 가지고 전류의 세기와 전류가 흐른 시간을 재면 그 둘을 곱해

깜짝과학상식

▌경보 점멸등은 어떻게 일정하게 깜빡거릴까?

경보 점멸등에도 바이메탈이 사용된다. 자동차 점멸등을 켜면 전류가 흐르고 전구가 빛을 낸다. 회로 속에 들어 있는 바이메탈은 전류가 흐르기 시작하면 바로 가열되어서 구부러진다. 그러면 회로가 중단되었다가 선이 냉각되어 펴지면 다시 작동된다. 전류가 흐르고 선이 뜨거워지면 구부러져서 회로를 중단시키고, 다시 차가워지고 하는 과정이 경보 점멸등이 꺼질 때까지 계속된다. 회로가 작동되면 등이 켜지고 회로가 중단되면 꺼진다. 그리고 이것이 계속 반복되면서 등이 깜빡거리는 것이다.

➡ 전구에 불을 켜기 전의 전하량과 불을 켠 후의 전하량이 같다는 것을 A, B에 모이는 기체의 양이 같은 것으로 확인할 수 있다.

서 전하량을 알 수 있다. 즉 0.5A로 1분 간 지나간 전하량은 30C이다.

전구를 켜기 전의 전하량과 후의 전하량을 재보면 두 곳의 전하량이 같다는 것을 알 수 있다. 이를 시각적으로 확인하려면 물 속을 통과하는 전하량에 비례해서 물이 전기분해된다는 사실을 이용하는데, 불을 켜기 전과 후의 물이 전기분해되어서 발생되는 수소의 양을 비교하여 전하량이 보존된다는 것을 확인할 수 있다.

전하량의 단위는 쿨롱(C)인데 1C은 6.25×10^{18}개의 전자가 갖는 전하량이다. 따라서 전자 한 개가 갖는 전하량은 1을 6.25×10^{18}으로 나눈 $1.6 \times 10^{-19}C$이며, 1A의 전류는 1초에 6.25×10^{18} 개의 전자가 지나가는 것이다.

❙ 전기 분해 장치를 이용한 전하량 보존 법칙 확인 실험 ❙

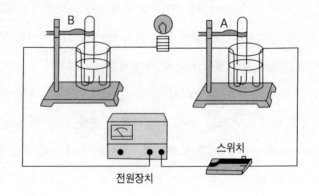

1909년 작은 기름방울이 띠고 있는 전하량을 측정한 밀리칸은 기름방울이 갖는 다양한 양의 전하량들이 항상 어떤 수의 정수배만을 갖는다는 것을 발견했다. 전하의 이동은 전자의 이동으로 일어나는 것이므로 전자 한 개가 갖는 전하량은 밀리칸이 알아낸 어떤 수와 같아야 한다. 그 값은 여러 명의 과학자가 정밀한 실험으로 확인할 수 있었으며, 1.6×10^{-19}C 이었다.

생각할 문제

■ 두 개의 대전되지 않는 금속구 L과 M을 서로 접촉시켜 놓는다. 그리고 음(-)으로 대전된 막대를 L에 가까이 가져간 후 두 금속구를 떼어 놓은 다음 대전된 막대를 치우면 두 금속구에는 어떤 전하가 대전되었을까?

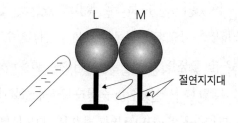

| 해 설 | 정전기유도에 의해서 대전된 막대와 가까운 금속구 L 쪽에는 반대 전하인 양(+)전하가 끌려올 것이고, 대전된 막대와 먼 금속구 M 쪽에는 같은 전하인 음(-)전하가 밀려갈

것이다. 이 상태에서 두 금속구를 분리시켰으므로 대전된 막대를 치웠을 때 금속구 L에는 양(+)전하가 금속구 M에는 음(-)전하가 대전된다.

■ 두 장의 도체판으로 이루어진 평행판 축전기에 전지가 연결된 상태로 면적이 평행판보다 작은 도체를 두 장의 판 사이에 넣었을 때 축전기의 용량, 저장되는 전하량, 양단의 전압의 변화에 대해서 생각해 보자.

| 해 설 | 축전기의 용량은 판의 넓이에 비례하고 판 사이 거리에 반비례한다. 평행판 축전기의 판 사이에 들어가는 도체는 판 사이의 거리를 좁히는 효과를 내며 결과적으로 축전기 용량을 증가시킨다.

예를 들어 평행판 넓이와 같은 넓이의 도체로 판 사이 거리의 반을 채우면 판 사이 거리가 반으로 줄어든 것이므로 용량은 두 배로 늘게 된다.

전지에 연결된 채로 축전기 용량이 늘어나므로 축전기에 걸리는 전압은 변하지 않고, 축전기에 저장되는 전하량은 Q=CV에서 축전 용량이 늘어난 비율만큼 증가한다.

전기장과 전위

읽기 전에

전기력과 만유인력은 어떻게 다를까?
비가 오면 빗물이 등고선의 직각 방향
으로 흐르고 등고선이 빽빽한 곳에서
는 물이 세게 흐르는 것처럼, 전기장
속의 전하도 등전위선에 직각으로 흐
르며 등전위선이 빽빽한 곳에서는 더
빠르게 움직인다.

1. 쿨롱의 법칙

전하 사이에 작용하는 힘의 크기는 두 물체가 갖는 전하량에 비례하고 두 물체 사이의 거리제곱에 반비례한다.

$$F = k \frac{q_1 q_2}{r^2} \ (k \text{는 비례상수}) = 9 \times 10^9$$

따라서 1C(쿨롱)의 전하를 가진 두 물체가 1m 떨어져 있을 때 두 물체 사이에는 90억 뉴턴의 힘이 작용한다. 이는 9억kg(90만 톤)의 무게에 해당되는 힘으로 대단히 크다. 우리가 통상 느끼는 전기력의 세기와 차이가 많은 듯한데 그 이유는 바로 전하량의 크기 때문이다.

책받침을 마찰할 때라든지 문고리를 잡을 때 깜짝깜짝 놀라게 하는 정전기의 전하량 크기는 마이크로 쿨롱(μC) 정도의 크기이다. 일상생활에서는 1C의 전하량을 경험하기가 대단히 어렵기 때문에 그렇게 센 전기력이 생소하게 느껴지는 것이다.

전체 공식의 형태가 만유인력의 크기를 계산하는 식과 비슷한데 다만 비례상수인 만유인력 상수가 쿨롱 상수보다 훨씬 작다. 전하를 갖는 두 물체 사이에 작용하는 힘은 전기력과 중력을 동시에 계산해서 더해 주어야 하지만 만유인력은 전기력에 비해서 비교할 수 없을 정도로 작기 때문에 더하는 것 자체가 무의미하다.

예를 들어 수소 원자핵을 이루는 양성자와 그 주위를 도는 전자 사이에 작용하는 전기력과 만유인력을 비교하면 다음과 같다.

$$전기력 = 9 \times 10^9 \frac{(1.6 \times 10^{-19})^2}{(5.3 \times 10^{-11})^2} = 8.2 \times 10^{-8} N(뉴턴)$$

$$만유인력 = 6.7 \times 10^{-11} \frac{(1.7 \times 10^{-27})(9.1 \times 10^{-31})}{(5.3 \times 10^{-11})^2}$$

$$= 3.7 \times 10^{-47} N(뉴턴)$$

따라서 이 경우 전기력이 만유인력보다 10^{39}배나 크기 때문에 전자를 원자핵에 붙잡아 두는 구심력은 전기력만 고려하는 것으로 충분하다.

그러나 달을 지구에 붙잡아 두는 힘, 우리를 땅에 붙이고 있는 힘, 등산하는 사람을 아래로 잡아당기는 힘은 전기력이 아니라 만유인력이다. 또한 일상생활을 지배하는 힘이나 거대한 천체의 운동을 지배하는 힘 역시 만유인력이다.

그 이유는, 만유인력이란 말 그대로 인력, 즉 당기는 힘만 있기 때문에 계속 인력이 누적되지만, 전기력은 인력뿐만 아니라 척력, 즉 미는 힘도 작용하기 때문에 인력과 척력이 자꾸 상쇄되어 거시적인 물체에는 확률적으로 전기력이 나타나지 않는 것이다. 전기력이 나타나는 경우는 물체에 있는 양전하와 음전하의 균형이 깨졌을 때나 특정한 전하가 한 곳에 몰려 있을 때만 밖으로 표출되며 여러 가지 전기적인 현상을 유발할 수 있다.

ㄹ. 전위도 기준이 필요

전기력이 미치는 공간을 전기장(電氣場)이라 한다. 따라서
전하 주위가 전기장이 되며, 가까운 곳은 세고 먼 곳은 약하
다. 어느 점의 전기장은 다음과 같이 정의한다. 즉 그 점에
단위 양전하(+1C)가 있다고 가정했을 때 받으리라고 생각
되는 전기력의 크기가 전기장의 크기이며, 그 힘의 방향이 전
기장의 방향이다.

◆ 만유인력과 전기력
또는 자기력은 성격이
다르다. 만유인력은 끄
는 힘만 존재하기 때문
에 계속 누적되지만 전
기력은 미는 힘도 작용
하기 때문에 상쇄되기
도 한다.

그러므로 양전하 q에서 r만큼 떨어진 곳의 전기장의 세기는 쿨롱의 법칙에 의해 $k\dfrac{q}{r^2}$ 가 되며, 방향은 척력이 작용하므로 양전하 q에서 멀어지는 방향이다. 같은 이유로 음전하 근처의 전기장은 들어오는 방향이다. 전기장의 세기가 전하 1C이 받는 힘의 크기이므로 일반적으로 전기장이 E인 곳에 있는 2C의 전하가 받는 힘은 2E, 3C의 전하가 받는 힘은 3E가 되며, q의 전하가 받는 힘 F＝qE이다.

단위 양전하의 입장에서 보면 양전하 주위는 척력이 작용하므로 접근하기가 어렵고, 음전하 주위는 인력이 작용하므로 접근하기가 쉽다.

즉 양전하로 접근하는 것은 언덕을 올라가는 것과 같고 음전하로 접근하는 것은 ＋1C의 입장에서 보면 언덕을 내려가는 것과 같다. 전기에서는 이를 전위라고 하는데, 양전하로 갈수록 전위가 높고 음전하로 갈수록 전위가 낮다.

올라가고 내려가는 것은 어디까지나 상대적이다. 예를 들어 2층은 1층에서는 올라가야 되지만 3층에서는 내려가야 한다. 산의 높이도 어디에서부터 높이를 재느냐에 따라 달라진다. 가장 보편적인 기준이 필요한데 그 보편적인 기준이 바로 해수면이다. 지구의 어디에나 바닷물이 있으므로 그 바닷물의 높이를 기준으로 모든 산의 높이를 표시하면 합리적이다. 해발 800m라는 것은 해수면에서 800m 위에 있다는 뜻이다.

전위도 상대적이기 때문에 기준이 필요하다. 모든 전하로부터 충분히 멀리 떨어져서 전기력이 작용하지 않는 곳을 전위의 기준(전위가 0인 곳)으로 한다. 전하로부터 충분히 먼 곳에서부터 단위 양전하를 가져오는데 1J(줄)의 일을 필요로 했을 때 그곳의 전위를 1V(볼트)라고 정의한다.

일반적으로 q쿨롱의 전하를 옮기는 데 W줄의 일을 했다면 그 두 곳의 전위 차는 W/q볼트이며 전위가 높은 곳으로 이동한 것이다.

발전소에서 하는 일은 전위가 낮은 곳에 있는 전하를 전위가 높은 곳으로 강제로 이동시켜 전위 차를 만드는 것이고, 가정이나 공장에서는 그렇게 만든 전위 차에 전하가 스스로 이동하게 하여 필요한 일을 시킨다.

우리가 보통 쓰는 건전지의 전위 차는 1.5V인데 이것의 의미는 양극이 음극보다 전위가 1.5V 높다는 뜻이다.

➡ 수위 차가 있으면 물이 흐른다. 펌프는 수위 차를 계속 유지시켜 물을 흐르게 하고, 건전지도 전위 차를 계속 유지시켜 전류를 흐르게 한다.

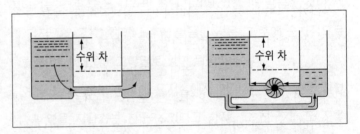

이를 도선으로 연결하면 전위가 높은 양극에서 전위가 낮은 음극으로 전하가 스스로 이동하여 외부에 일을 할 수가 있다.

예를 들어 전지 한 개에서 2C이 이동했다면 3J의 일을 할 수 있고, 10C이 이동하면 15J의 일을 할 수 있다. 1A(암페어)의 전류로 1분 간 전류를 통하면 지나간 전하량은 60C이 므로 90J의 일을 할 수 있고, 이를 열량으로 환산하면 1cal 당 4.2J이므로 90을 4.2로 나누어 약 2.14cal의 열량을 발생시킨다.

지면(地面)의 굴곡을 표시할 때 등고선(等高線)으로 지도에 표시하는 것처럼, 전위의 굴곡은 등전위면(等電位面)으로 표시한다.

등고선이란 말 그대로 높이가 같은 곳을 이은 선이므로 등고선을 따라서 이동하는 것은 위치 에너지의 변동이 없기 때문에 일을 하는 것이 아니다. 마찬가지로 등전위면은 전위가 같은 곳을 연결한 면이기 때문에 이 면을 따라 이동하는 전하는 일을 필요로 하지 않는다.

비가 오면 빗물이 등고선의 직각방향으로 흐르며, 등고선이 빽빽한 곳의 물의 흐름이 센 것처럼, 전기장에 뿌려진 전하들은 등전위선에 직각방향으로 움직이며 등전위선이 빽빽한 곳에서는 더 빠르게 움직인다.

그런데 전하는 양전하와 음전하가 있기 때문에 양전하는 전위가 높은 곳에서 낮은 곳으로 흐르지만 음전하는 전위가 낮은 곳에서 높은 곳으로 흐른다.

등고선이 빽빽한 곳을 경사가 급하다고 하며, 등전위선이 빽빽한 곳을 전기장이 세다고 한다. 따라서 전하 입장에서 보면 전기장은 일종의 '기울기'라고 볼 수 있다.

┃ 전기력선과 등전위면 ┃

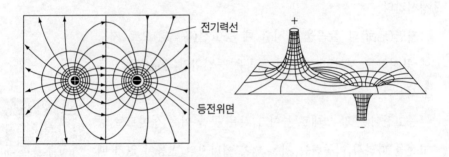

전기력선

등전위면

3. 여러 가지 전기장

양전하와 음전하가 인접해 있을 경우 그 부근의 전기장은 단위전하가 그 두 전하로부터 받는 힘을 합성해야 얻어진다.

균일하게 반대전하로 대전된 금속판을 마주보게 장치하면 그 사이의 공간에는 균일한 전기장이 형성된다. 그 사이에 절연체를 놓으면 절연체 내부에서는 전하가 이동할 수 없으므로 다음 그림의 (a)와 같이 전기장은 그냥 절연체 사이를 통과한다. 그러나 (b)처럼 도체를 넣으면 전기장의 영향을 받아 도체 내부에서 전하의 이동이 일어난다. 그래서 (c)와 같

절연체
전기나 열을 잘 전달하지 못하는 물체. 부도체.

이 도체 내부의 전기장을 0으로 만드는 위치까지 전하가 이동하므로, 도체의 모양이나 전기장의 세기에 관계없이 전기장 속에 놓여진 도체의 내부에는 전기장이 0이 된다. 즉 전위가 모두 같다. 이는 호수의 한쪽에만 물을 공급한다고 해서 그쪽의 수면이 다른 곳보다 높지 않은 것과 같은 이치다.

높이 차이가 생기는 즉시 물은 스스로 높은 곳에서 낮은 곳으로 이동하여 신속하게 같은 높이로 만든다.

┃ 정 전 기 차 폐 ┃

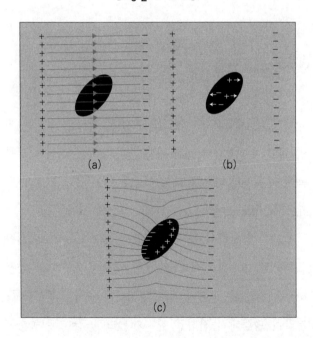

(a)

(b)

(c)

이와 같은 현상은 외부 전기장이 어떠냐에 관계없이 성립하는 것으로 도체 내부에 있는 물체는 외부 전기장의 영향을 받지 않는다. 이를 '정전기 차폐' 라고 하는데 금속으로 된 엘리베이터 속에서 라디오가 들리지 않는 이유도 정전기 차폐로 설명할 수 있다. 또한 라디오를 켜놓고 라디오를 알루미늄 쿠킹 호일로 감싸면 라디오의 소리가 들리지 않게 되는 것도 같은 이유이다. 만약 라디오 소리가 들린다면 쿠킹 호일에 안테나가 접촉되어 쿠킹 호일이 안테나의 역할을 해 주는 것이다.

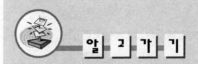

알고가기

차 없는 생활은 상상도 할 수 없을 정도로 우리는 거의 매일 자동차나 버스를 이용한다. 그런데 만약 여러분들이 자동차나 버스를 타고 여행을 하는 중에 천둥과 번개를 동반한 소나기를 만났다고 상상해 보자.

전기는 양전하와 음전하로 구분할 수 있는데, 번개는 음전하로 대전된 구름 밑바닥이 지구의 지표면을 양전하로 대전시켜, 구름과 지표면 사이에 수백만 볼트의 큰 전압이 형성돼 음전하인 전자가 공기를 뚫고 이동하는 현상이다. 번개가 갖는 전기 에너지는 엄청나게 커서 큰 나무나 집들을 순식간에 태워 버리기도 한다.

 그런데 이런 무시무시한 번개가 자동차에 내리쳤을 때 차 안에 타고 있는 사람은 어떻게 될까? 결론부터 말하자면 안전하다. 그 이유는 무엇일까?

 번개가 쳐서 수많은 전자가 차로 쏟아져 들어오면 도체인 차체 전체에 전자들이 퍼지게 된다. 전자들끼리는 같은 (-)전하이므로 서로 밀어내는 척력이 작용한다.

 힘을 받으면서 전자들은 자유롭게 움직일 수 있는데, 이것은 차체가 금속과 같은 도체이기 때문에 가능하다. 그러면 자동차에 쏟아진 전자들은 언제까지 움직일까?

 전자들간에 작용하는 척력이 평형을 이룰 때까지 움직이게 되는데, 이렇게 되면 차체 내부 어느 곳이든 전하가 있더라도 전혀 힘을 받지 않는 전기적 힘의 평형인 전기장이 0인 상태가 된다. 우리가 흔히 감전이라고 하는 것은 전압의 차에 의한 전하의 이동, 즉 전류가 흘러 신체에 충격을 주기 때문이다.

 그런데 차의 내부가 전기장이 0이 되면 전기적 힘이나 영향을 받지 않는 상태인 정전기 차폐 현상이 일어나 전류가 흐를 수 없게 된다. 그러므로 차 안에 있는 사람은 안전할수 있다.

 비행기나 기차 역시 마찬가지이므로 앞으로는 번개가

도체
자유 전자가 많아서 전자들이 자유롭게 움직일 수 있는 구조를 가진 물체.

치는 날 차를 타고 여행을 하더라도 번개를 두려워할 필요가 없다.

생각할문제

■ 그림과 같이 아주 긴 도선에 양(+)전하가 고르게 분포하고 있다. P점에서의 전기장의 방향은?

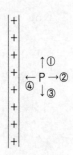

정답 》 ②

| 해 설 | 전기장의 방향은 단위전하인 +1C이 받는 전기력의 방향이다. P점에 단위전하를 가져가면 좌우 대칭성에 의해서 ②방향으로 힘을 받을 것이고 이 방향이 P점의 전기장의 방향이다.

■ 그림과 같이 2차원 평면에 3개의 전기력선이 그려져 있다. 점 A, B에 대한 설명 중 옳은 내용은?

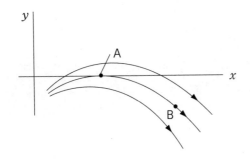

① 점 A에서 양전하가 받는 힘의 방향은 $+x$방향이다.

② 점 A의 전기장의 세기는 점 B보다 크다.

③ 점 A의 전위는 점 B보다 높다.

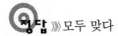 》 모두 맞다

| 해 설 | 전기력선은 양전하가 받는 힘의 방향을 이은 선이므로 점 A에 있는 양전하는 $+x$방향으로 힘을 받는다. 또한 전기장은 전기력선이 빽빽할수록 크기 때문에 B점보다 A점의 전기장이 세다. 그리고 양전하는 전위가 높은 곳에서 낮은 곳으로 이동하므로 B점보다 A점의 전위가 높다.

전기회로

읽기 전에

우리 일상 생활 중 과학과 무관한 것이 없을 정도로 가정이나 공장, 혹은 학교에서 일상적으로 과학을 활용한다. 이 장에서는 전력과 전압에 대해서 알아보고, 110V와 220V의 원리와 전압을 변화시키는 방법에 대해 알아보자.

1. 열은 저항이 클수록 많이 나는가?

구리선보다 저항이 큰 니크롬선에 전류를 통하게 하면 구리에서는 열이 나지 않지만 니크롬선에서는 열이 난다. 그러면 저항이 클수록 열이 많이 나는 것일까? 그렇다면 부도체인 나무나 플라스틱은 저항이 대단히 크므로 니크롬선 대신 나무나 플라스틱을 연결하면 열이 더욱 많이 나야 한다는 결론이 나오는데 실제로는 그렇지 않다.

▌ 저항과 전구의 밝기 관계 ▌

▶ 끊어진 필라멘드를 줄여서 연결하면 더욱 밝아진다.

60W 전구에 쓰인 필라멘트선이 30W 전구에 쓰인 필라멘트선보다 저항이 작다. 공장에서 전구를 만들 때 저항이 작은 필라멘트를 쓸수록 밝은 전등이 만들어진다. 집에서 쓰던 전구가 끊어져 못 쓰게 되었을 때, 이를 흔들면 한쪽 끝이 다른 쪽 중간에 걸리는 수가 있는데 이 경우 전구의 저항이 전보다 줄어들게 되고 이를 다시 끼워보면 더 밝아진다는 사실을 알

수 있다.

그러면 구리선은 저항이 대단히 작은데 왜 거기에서는 열이 나지 않는 것일까? 구리선은 그 모든 이론에서 예외일까? 열과 빛은 니크롬선이나 필라멘트에서만 나는 것일까?

2. 직렬과 병렬의 차이

그렇지 않다. 그것은 주위의 연결 상태에 따라 달라진다. 즉 병렬연결에서는 저항이 작을수록 열이 많이 나고, 직렬연결에서는 저항이 클수록 열이 많이 난다. 필라멘트에는 구리선을 통해 전력을 공급하므로 필라멘트와 구리선은 반드시 직렬연결을 해야 하고, 구리선보다 저항이 큰 필라멘트에서 열이 발생하는 것이다.

저항의 **직렬연결** : 모든 저항에 흐르는 전류는 같으나 전압은 저항이 큰 곳에 많이 걸리므로 소비전력(전압×전류)은 저항에 비례한다.

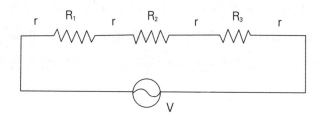

저항 : $R_1 > R_2 > R_3 \gg r$

전류 : $I_1 = I_2 = I_3 = i$

전압 : $V_1 > V_2 > V_3 \gg v$

전력 : $P_1 > P_2 > P_3 \gg p$

구리선의 저항 r은 필라멘트와 직렬연결 상태이므로 필라멘트에서보다 열이 적게 난다.

저항의 병렬연결 : 모든 저항에 걸리는 전압은 같으나 전류가 저항이 작은 쪽으로 많이 흐르므로 소비전력은 저항에 반비례한다.

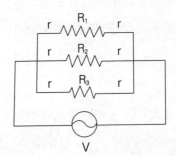

저항 : $R_1 > R_2 > R_3 \gg r$

전류 : $I_1 < I_2 < I_3$

전압 : $V_1 = V_2 = V_3$

전력 : $P_1 < P_2 < P_3$

저항과 저항 사이는 병렬연결이므로 저항이 작은 곳의 저항에서 열이 많이 나지만 구리선은 저항과 직렬로 연결되어 있으므로 구리선에서는 열이 나지 않고 저항에서만 열이 난다.

60W 전구보다 30W 전구에 쓰인 저항선이 더 작은 이유는 우리 가정에서의 모든 배선이 병렬로 연결되어 있기 때문이다. 그러면 각 저항에 걸리는 전압이 일정하게 되고, 그 전압에 맞게 가전제품을 설계할 수가 있다. 또 어느 한 개의 스위치를 내려도 다른 것이 꺼지지 않는다. 가전제품을 많이 연결하면 할수록 합성저항은 작아지고 전류는 많이 흘러 전기요금이 많이 나온다.

3. 전압을 높이면 왜 전력 손실이 줄어드는가?

110V용 가전제품을 220V에 연결하면 고무 타는 냄새가 나며 망가지게 된다. 이사 가서 가전제품을 처음 가동할 때 반드시 주의해야 할 사항이다. 110V용 전기제품을 220V에서 쓰려면 변압기를 사용하여 전압을 낮춰야 한다.

그렇게 불편하고 경제적인 손실을 감수하면서까지 전압을 높여서 보내는 이유는 무엇일까?

그것은 전력을 보내는 데 있어 송전선의 저항으로 인한 전력 손실을 줄일 수 있기 때문이다. 전압을 2배로 높이면 옴의 법칙에 의해 전류가 2배가 되고 소비전력은 전압×전류이므로 4배가 되어 기존의 가전제품을 그대로 연결하면 고장이 난다.

따라서 전압을 높여도 전과 같은 전력을 내기 위해서는 가전제품의 내부저항이 종전보다 4배 정도 커야 전류가 1/2로 줄어 전력이 변함 없게 되고 그것이 원래의 기능대로 작동할 수 있다.

그러므로 송전 전압을 높이면 소비자가 가지고 있는 제품들을 모두 내부저항이 큰 것으로 대체해야 한다. 보통은 110볼트와 220V에 모두 사용할 수 있게 되어 있어 전환 스위치만 적절히 돌려주면 된다. 220V로 전환하면 내부저항이 4배가 커지기 때문에 110V 때보다 오히려 전류가 반으로 줄어들게 된다.

송전선과 가전제품은 직렬연결 상태에 있고 직렬연결 상태에서 소비전력은 저항에 비례하므로 승압을 하면 송전선의 저항은 그대로인데 가전제품의 저항은 4배로 크게 해야 한다. 따라서 송전선에서 소비되는 전력은 전보다 4분의 1로 줄게 된다.

변압기란 코일에 흐르는 전류가 변하면 인접한 다른 코일에 기전력을 발생시킨다는 상호유도를 이용하여 전압을 변화시키는 장치이다.

1차코일과 2차코일의 감은 수의 비대로 전압이 유도되며 전체 전력은 일정해야 하므로 전압이 높아지면 전류는 작아져야 한다.

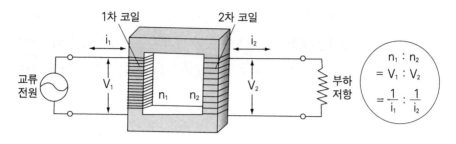

그림과 같이 송전선의 저항을 r, 소비자의 저항을 R이라
할 때 연결 상태가 직렬이므로 소비전력은 저항에 비례한다.

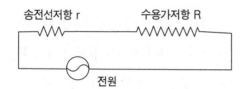

전압(V) 2배−저항(R) 4배−전류(I) 0.5배−열손실 0.25배

4. 감전은 왜 일어나는가?

지하철을 타고 가다 보면 "낚싯대는 가방에 넣고 알루미늄
풍선은 가지고 다니지 맙시다."라는 방송이 나온다. 이것은
지하철역에 이리저리 설치되어 있는 전선에 낚싯대나 알루미
늄 풍선이 닿으면 감전사고가 일어날 우려가 있기 때문이다.

깜짝과학상식

▌전류의 성질
저항이 작을수록 전류
는 잘 흘러간다. 전류
가 흐르다가 저항이
큰 길과 저항이 작은
길로 갈라지는 갈림길
이 있으면 대부분의
전류는 저항이 작은
길을 택한다. 몇몇 극
소수의 전류만이 저항
이 큰 길로 간다.

감전이란 사람의 몸을 통해 전류가 흘러 충격을 주는 현상을 말하는데, 심하면 죽을 수도 있다. 몸에 전류가 흐르기 위해서는 전류가 들어오는 곳과 나가는 곳이 있어야 한다. 지하철의 전선은 위에 하나가 있고 다른 하나는 땅에 있다. 땅에서 낚싯대로 선로 위에 설치되어 있는 도선을 접촉하면 낚싯대를 통해서 손으로, 손에서 발바닥을 타고 땅으로 전류가 흐르기 때문에 감전이 되는 것이다. 이 경우 절연이 잘된 양말이나 신발을 신고 있으면 전류가 잘 흐를 수 없겠지만 물이 묻은 발이나 손은 저항이 작기 때문에 더 위험하다.

낚싯대도 대나무나 유리섬유로 만든 것은 저항이 거의 무한대에 가까우므로 전선에 닿아도 상관없지만 신소재인 탄소섬유로 만든 것은 저항이 작기 때문에 문제가 된다. 고무 풍선보다 알루미늄 풍선이 더 위험한 이유도 마찬가지다.

┃ 전선에 앉은 새의 감전 ┃

➥ 간발의 차이로 두 새의 운명이 달라진다. 피복이 없는 고압선이라도 여기에 앉은 새는 안전하다. 그러나 전구와 병렬로 연결된 고압선에 앉은 새는 감전된다.

피복이 없는 전선에 앉아 있는 참새는 안전하다. 이 경우는 새와 전선이 병렬로 연결된 상태인데 구리로 된 도선보다 새의 몸이 저항이 훨씬 크기 때문에 새의 몸으로 전류가 흐르지 않는다.

그러나 전구를 사이에 두고 양쪽 다리를 걸치고 앉으면 감전된다. 왜냐하면 전구에 저항이 있기 때문에 새의 몸이 갖는 전기적 저항과 전구 속에 있는 필라멘트의 저항비가 어떠냐에 따라서 전류는 저항이 작은 쪽으로 많이 가고 그 비율에 따라 전체 전류의 일부가 새의 몸으로 흐르기 때문이다. 만약 새가 비에 젖어 있다면 더 많은 전류가 새의 몸에 흐를 것이다.

필라멘트는 저항이 균일하기 때문에 필라멘트선 전체에서 열이 나지만 새는 저항이 접촉한 부분이 크고 몸통은 작아서 접촉하고 있는 양쪽 발바닥에 가장 많은 열이 나 물리적인 상처는 대개 접촉 부분에 생긴다.

다음은 《과학동아》에 실린 기사의 일부이다.

'……60Hz의 교류가 흐를 때 약 1.1mA의 전류에 노출되면 짜릿함을 느끼게 된다. 이보다 더 높은 전류가 몸에 닿으면 근육 수축이 일어나고, 더 높아져 10~15mA에 이르면 전기가 흐르는 물체에서 자신의 손을 떼어놓지 못한다. 이 정도의 전류가 가슴을 통과하면 호흡 곤란에 이르게 된다. 보통 9A 이상의 전류가 치명적인 결과를 초래한다고 알려져 왔다.

그러나 실제 감전사는 이보다 훨씬 낮은 전류에서도 일어난다. 왜냐하면 우리의 몸 안에서 전기저항이 가장 작은 경로가 신경이기 때문이다. 따라서 감전은 신경에 엄청난 손상을 준다……'

생각할문제

■ 꼬마전구 50개가 직렬로 연결된 200V-60W 크리스마스 트리 점등용 전선이 있다. 이 전선을 100V에서도 같은 밝기로 쓰려면 어떻게 사용하는 것이 좋은가?

| 해 설 | 각각의 전구에 걸리는 전압과 전류가 같아야 같은 전력을 낼 수 있다. 전압이 200V에서 100V로 줄면 저항도 반으로 줄어야 하므로 원래의 전선을 반으로 잘라 그 중 한 개를 연결하면 각각의 전구에 걸리는 전압과 전류가 같게 되어 같은 밝기를 낼 수 있다. 그러나 전구의 개수가 반밖에 안 되므로 전체 밝기는 원래의 반이 된다. 따라서 원래의 밝기를 유지하려면 그 두 개를 병렬로 연결하여 사용하면 된다. 각각의 전선에 100V가 걸리기 때문에 원래의 밝기와 같다.

■ 전기회로에서 저항이 클수록 열이 많이 나는가, 저항이 작을수록 열이 많은가에 대해서 〈보기〉와 같이 여러 학생들

이 토론했다. 가장 옳은 이야기를 한 학생은?

　덕재 : 구리선에는 열이 나지 않지만 니크롬선에서는 열이 난다. 그런데 구리선은 저항이 작고 니크롬선은 저항이 크다. 따라서 열은 저항이 클수록 많이 날 것이다.

　수재 : 유리는 전기 저항이 니크롬선보다 크다. 그러나 유리에서는 전기로 인한 열이 발생하지 않는다. 따라서 저항이 작을수록 열이 많이 난다.

　희상 : 저항이 너무 크면 전류가 통하지 않고 전류가 통하지 않으면 열도 발생할 수가 없다. 따라서 저항이 적당히 크면서 전류도 통하는 물질에서 열이 많이 난다.

　현주 : 열은 금속 안의 원자들의 진동에 의한 것이므로 금속에서만 발생할 수 있으며 저항값의 크기가 아니라 금속의 결합 구조에 따라서 열의 발생이 좌우된다.

　인경 : 직렬 연결에서는 저항이 클수록 열이 많이 나고 병렬 연결에서는 저항이 작을수록 열이 많이 난다. 구리선에서 열이 나지 않는 것은 구리선은 항상 다른 저항과 직렬 연결되기 때문이다.

① 덕재　　② 수재　　③ 희상　　④ 현주　　⑤ 인경

정답 》》》⑤

| 해 설 |　니크롬선은 저항이 크고 거기에서 열이 나므로 일반적으로 열은 저항이 클수록 많이 난다고 생각하기 쉽다. 그러나 가정에서 쓰는 전구는 필라멘트의 저항이 클수록 전력이 작다. 즉 30W에 쓰인 필라멘트의 저항이 60W에 쓰인 필라멘트의 저항보다 크다.

가정의 가전제품들은 모두 병렬 연결되어 있으므로 각각에 걸리는 전압은 모두 같다. 그런데 전류는 저항이 작은 곳으로 많이 흐르므로 결국 저항이 작은 곳의 전력이 크다.

만약 가전제품들이 모두 직렬로 연결되어 있다면 각각에 흐르는 전류가 같고, 각각에 걸리는 전압은 가전제품의 내부 저항에 비례하므로 저항이 클수록 열이 많이 날 것이다. 저항이 작은 구리선에서 열이 나지 않는 이유는 구리선은 니크롬선이나 필라멘트와 항상 직렬로 연결되기 때문이다.

자기장과 전자기 유도

자기장 속에서 운동하는 전하는 힘을 받는다. 자기장 속에 정지해 있는 전하는 힘은 받지 않지만 움직이기만 하면 자기력이 작용한다. 그러면 도대체 자연은 전하가 움직이는 것을 어떻게 알고 힘을 주는 것일까? 그리고 움직인다는 것은 과연 무엇인가?

또 자기장 속을 움직이는 도선에는 전류가 흐르는데 그 전류는 물리적으로 공짜로 얻어질 수 있는지 알아보자.

1. 전류가 흐르는 도선 사이에 작용하는 힘

평행한 두 전선에 같은 방향의 전류가 흐를 때, 전선은 자석처럼 서로 당긴다. 전류가 반대로 흐르면 이번에는 자석의 다른 극처럼 서로 밀어낸다.

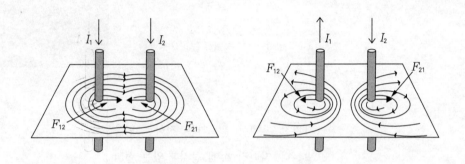

자석도 원자 내부에 흐르는 전류 때문에 생기는 것이므로 자기력은 근본적으로 전류 사이에 작용하는 힘이라고 말할 수 있다. 즉 N극과 S극 사이에 작용하는 힘은 전류 사이에 작용하는 힘의 또다른 표현이다.

➡ 전자의 자전과 공전에 의해서 자기장이 생기므로 전자는 이 세상에서 가장 작은 자석이다.

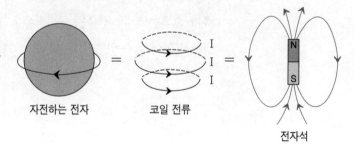

자전하는 전자   코일 전류

전자석

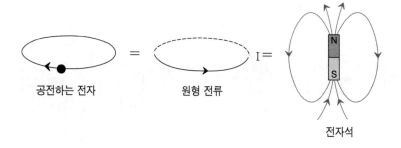

공전하는 전자 = 원형 전류 I=

전자석

예를 들어 인접한 두 개의 코일에 같은 방향으로 전류가 흐르면 마주 보는 면에 한쪽은 N극, 다른 쪽은 S극이 되므로 서로 인력이 작용한다. 이러한 현상을 표현할 때, 'N극과 S극은 서로 당긴다.'고 하거나 '같은 방향으로 흐르는 전류는 서로 당긴다.'라고 한다.

전류가 서로 반대로 흐르는 두 코일을 가까이 놓으면 한쪽의 N극과 다른 쪽의 N극 면이 마주 보게 되어 서로 밀어낸다.

따라서 '같은 극끼리는 척력이 작용한다.' 또는 '반대로 흐르는 전류 사이에는 척력이 작용한다.'는 말은 같은 의미이다.

그러면 자석과 전류 사이에도 힘이 작용할까? 그렇다. 이때 작용하는 힘의 방향은 전류와 자기장의 방향이 만드는 평면과 수직방향이며 플레밍의 왼손법칙으로 구할 수 있다. 그 힘의 크기는 전류와 자기장의 세기에 비례하고 그 둘의 방향이 수직일 때 가장 크다.

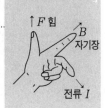

플레밍의 왼손법칙
왼손의 엄지손가락·집게손가락·가운뎃손가락을 서로 직각이 되게 하여, 집게손가락을 자기장의 방향으로 향하게 하고, 그 자기장 중에서 가운뎃손가락의 방향으로 전류를 흐르게 하면 그 도선은 엄지손가락의 방향으로 힘을 받게 된다는 법칙.

↑F 힘
B 자기장
전류 I

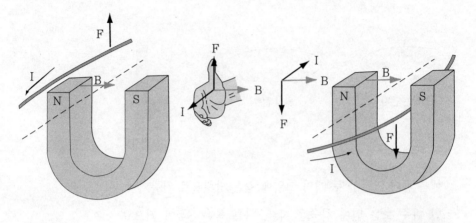

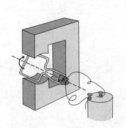

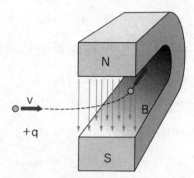

❥ 전류와 자기장 사이에 작용하는 힘을 이용하여 연속적으로 회전하게 만든 기계가 바로 전동기이다.

⬆ 전류가 받는 힘은 결국 운동하는 전하가 받는 힘이다.

전류라는 것은 결국 전하의 이동이므로 전류가 힘을 받는 것은 전하입자가 힘을 받는 것이다. 이 때 입자가 받는 힘을 '로렌츠의 힘'이라고 한다. 방향은 전류가 받는 힘의 방향과 같고 크기는 전하량, 속도, 자기장의 세기에 비례한다.

전하를 가진 입자, 예를 들면 전자, 양성자, 이온 등이 자기장에 수직 방향으로 뛰어들면 로렌츠의 힘을 자기장과 전하

로렌츠의 힘
대전 입자가 자기장 속에서 운동할 때 받는 힘을 말한다. 방향은 전자기력의 방향에 따른다.

의 운동방향에 수직으로 받아 경로가 휘어진다. 전하의 운동
방향이 변하면 힘의 방향도 입자의 운동방향에 항상 수직으
로 작용하므로 로렌츠 힘이 구심력이 되어 그 입자는 원운동
하게 된다.

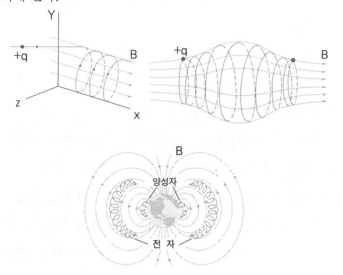

◀ 자기장에 비스듬하게 입사한 대전 입자는 원운동을 하면서 진행하므로 나선운동을 하게 된다. 나선운동을 하면서 지구의 남극과 북극에 모이게 되는데, 이 입자들이 공기 분자와 충돌하면 공기 분자들이 '들뜬 상태'가 되며, 다시 안정한 상태로 되면서 빛을 방출하는데 이것이 오로라이다.

원운동의 회전반경은 입자의 전하량과 질량 그리고 속도에 따라 달라진다. 이것을 이용하면 화학적 방법으로는 분리가 불가능한 동위 원소를 분리해낼 수 있다. 분리되지 않은 동위 원소를 이온화시킨 후 같은 속도로 자기장 속에 입사시키면 무거운 원소일수록 회전반경이 커져 동위 원소를 분리해낼 수 있는데 이를 질량분석기라고 한다.

동위 원소
양성자 수는 같으나 중성자 수가 다른 원소로 화학적 성질이 같기 때문에 화학적 방법으로는 분리가 불가능하다.

2. 상대성 이론과 로렌츠의 힘

이제 전류 사이에 작용하는 힘을 쿨롱 법칙과 전하량 보존 법칙, 그리고 아인슈타인의 상대성 이론을 이용하여 설명하기로 한다.

도선 속에 있는 양전하가 오른쪽으로 운동하고 음전하는 같은 속력으로 왼쪽으로 운동한다고 가정하면 전류는 양전하가 운동하는 방향이므로 오른쪽으로 흐를 것이다. 이제 그 도선에서 조금 떨어진 곳에서 도선 속의 양전하와 같은 속력으로 오른쪽으로 이동하고 있는 양전하 Q가 있다고 하자.

이 양전하 Q의 입장에서 도선 속을 운동하고 있는 양전하를 보면 정지하고 있고, 음전하를 보면 두 배의 속력으로 왼쪽으로 가고 있다. 전하량은 보존돼야 하는데 상대론의 결과에 의하면 움직이는 물체의 길이는 로렌츠 수축이 돼야 한다.

	도선
우리가 볼 때	$\oplus\ \oplus\ \oplus\ \oplus\ \oplus\ \oplus \to V$ $V \leftarrow \ominus\ \ominus\ \ominus\ \ominus\ \ominus\ \ominus$
	$\oplus \to V \qquad\qquad \to$ 전류 Q
Q 입장에서 볼 때	$\oplus\ \oplus\ \oplus\ \oplus\ \oplus\ \oplus$ $2V \leftarrow \ominus\ \ominus\ \ominus\ \ominus\ \ominus\ \ominus$
	$\oplus \qquad\qquad\qquad \to$ 전류 Q

길이는 수축되어 짧아지는데 전하량은 보존되므로 양전하 Q에서 보면 도선 속의 음전하의 밀도는 양전하의 밀도보다 커지고 음전하가 양전하보다 많은 것으로 판단할 것이다. 당연히 인력이 척력보다 커서 전하 Q는 도선 쪽으로 힘을 받게 된다. 이 힘이 바로 로렌츠의 힘이고 자기력의 근원이 되는 힘이다.

그러나 실제로 도선에 전류가 흐를 때, 양전하는 거의 움직이지 않고 주로 전자만 움직인다. 그렇더라도 상황이 달라지는 것이 아니다. 그럴 경우 전하 Q의 입장에서 보면 양전하와 음전하 모두 왼쪽으로 움직이는데 양전하보다 음전하의 속력이 두 배가 되므로 음전하 쪽이 더 많이 수축되어 음전하 밀도가 커진다.

물론 양전하 Q가 정지하면 도선 속의 양전하, 음전하의 속력이 같아지므로 전하 밀도에 차이가 없고, 힘을 받지 않는다. 이와 같은 상황은 순전히 양전하 Q의 운동상태에 따라 양전하 Q의 입장에서 그렇다는 것이고, 또 다른 전하 q의 입장에서 보면 자신의 운동상태에 따라 도선의 전하 밀도를 판단하게 된다는 것이다.

따라서 서로 다른 운동상태에 있는 모든 전하들에 있어 개개의 전하가 이 세상의 중심에 있는 것처럼 쿨롱의 법칙과 전하량 보존법칙을 포함한 모든 물리법칙을 동등하게 적용할 수 있다.

지구는 둥글기 때문에 지구상의 모든 점은 물리적으로 동등하므로 지구상에 있는 어떤 사람이 자기가 있는 곳만이 위쪽이라고 주장하면 안 되는 것처럼 우주에서 등속도로 움직이는 모든 물체는 그 속도에 관계없이 물리적으로 동등한 지위를 갖는다.

이제 평행한 도선에 전류가 반대로 흐르는 경우를 생각하자. 두 도선 사이에는 척력이 작용하는데, 위와 같은 방식으로 이를 설명하면 다음과 같다.

```
                                    → 전류
        ────────────────────────────────────
도선 1    ⊕  ⊕  ⊕  ⊕  ⊕  ⊕→V
        V←⊖  ⊖  ⊖  ⊖  ⊖  ⊖
        ────────────────────────────────────

          전류 ←
        ────────────────────────────────────
도선 2    V←⊕  ⊕  ⊕  ⊕  ⊕  ⊕
          ⊖  ⊖  ⊖  ⊖  ⊖  ⊖→V
        ────────────────────────────────────
```

도선1에 있는 양전하는 오른쪽으로, 음전하는 왼쪽으로 움직인다고 가정하고, 도선2에 있는 양전하는 왼쪽으로, 음전하는 오른쪽으로 움직인다고 가정하자.

도선2의 양전하 입장에서 보면 도선1의 양전하는 속력이 두 배가 되고 음전하는 정지한 것이므로 양전하의 밀도가 음전하의 밀도보다 크게 느낄 것이고 결과적으로 척력을 유발한다. 도선2의 음전하 입장에서 보면 도선1의 양전하는 정지해 있고 음전하의 속력이 두 배가 되어 음전하의 밀도가 양전하보다 크게 느껴 역시 척력을 유발한다.

도선1의 양전하 입장에서 보면 도선2의 음전하는 정지하고 있고 양전하는 속력이 두 배가 되어 길이가 수축되므로 양전하 밀도가 커지며, 결과적으로 척력이 작용한다. 도선1의 음전하 입장에서 보면 도선2의 양전하는 정지 상태에 있고 음전하의 속력이 두 배가 되어 전하 밀도가 증가하므로 역시 척력이 작용한다.

이와 같이 하여 평행하게 반대로 흐르는 도선 사이에 작용하는 척력을 설명할 수 있다. 물론 실제로 양성자는 움직이지 않고 음전하를 갖는 전자만 움직이지만 똑같은 설명이 가능하며 작용하는 힘만 반으로 적어진다.

3. 1931년 8월 29일 패러데이의 일기

패러데이는 연철고리에 A, B 2개의 코일을 감은 장치를 만들고, 자석으로부터 전류를 만드는 실험을 반복하고 있었다. B코일 근처에는 자침을 놓아 전류가 흐르면 자침이 움직이게 되어 있다. 몇 번이나 실패한 후에 마침내 A쪽 코일의 전지를 접촉하는 순간, 자침의 극히 미세한 진동을 발견할 수 있었다.

1931년 8월 29일 그의 일기에는 다음과 같은 내용이 적혀

패러데이
(Michael Faraday, 1791~1867)
영국의 물리학자 · 화학자. 1813년 왕립 연구소의 데이비(Davy)의 조수로 화학 연구에 몰두하여, 염소의 액화, 철의 합금 및 벤젠등을 발견하였다. 또한 전자기의 실험에 종사하여 전자 유도의 법칙을 발견, 1833년 전기 분해에 관한 '패러데이의 법칙'을 발견하였다.

있었다.

'A코일 중 한 개의 양단에 전지를 접속했다(A코일은 3개의 코일로 구성되어 있다). 그 순간 자침의 작용이 감지되었다. 자침은 진동했다가 마지막에는 본래의 위치로 안정된다. A코일의 전지를 끊었을 때도 자침은 영향을 받는다. A쪽 코일을 하나로 통합해서 그 전부에 전류를 통하면 전보다 자침에 영향이 크다. B가 자침에 주는 영향은 영속적이 아니라 A쪽의 스위치를 넣었다 끊었다 하는 순간에만 나타났다.'

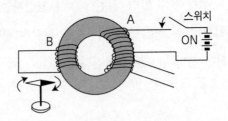

이것이 바로 전자기 유도 현상에 대한 최초의 발견인 셈이다. 패러데이는 잇달아 전자기 유도의 여러 변화를 발견하였는데 그 중에 하나가 자석과 코일 사이의 관계이다.

'자석의 한 끝을 코일의 원통 끝에 딱 끼어들 수 있게 해놓고서 전체를 단숨에 꽂아 넣는다. 검류계의 바늘이 움직인다. 다음에 이것을 뽑아내면 바늘이 반대로 움직인다. 이 효과는 자석을 넣었다 뺄 때마다 반복된다. 또 코일을 자석 쪽으로 밀거나 당길 때도 같은 효과가 인정되었다.'

자석을 코일 속에 가만히 두면 전류가 생기지 않지만 자석을 움직이든지 코일을 움직이면 유도전류가 생긴다. 또 인접해 있는 다른 코일에 전류가 일정하면 유도전류가 생기지 않지만 옆에 있는 코일의 전류가 변하면 유도전류가 생긴다.

그 전류의 크기는 코일의 감은 수에 비례하고 코일 주위의 자기장의 변화에 비례한다. 또 그 전류의 방향은 자기장의 변화를 방해하는 방향으로 흐른다.

예를 들어 코일 쪽으로 자석의 N극을 접근시킬 경우 코일에 생기는 유도전류는 코일을 전자석으로 만든다. 유도전류가 자석의 운동을 방해하기 위해서는 자석이 접근하는 쪽이 N극이 생기도록 유도전류가 흘러 척력이 작용함으로써 자석이 접근하는 것을 방해한다. 또 자석의 N극을 멀리하면 코일에 S극이 생기게끔 위와는 반대 방향의 전류가 흘러 자석이 멀어지는 것을 방해한다.

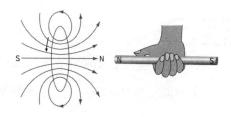

따라서 코일이 없는 곳에서 자석을 움직이는 것이 코일이 있는 곳에서 움직이는 것보다 쉽다. 왜냐하면 코일이 있는 곳에서 자석을 움직이는 것은 코일에 유도전류를 발생시키는

데, 그 유도전류는 항상 자석의 운동을 방해하기 때문이다. 더구나 방해하는 힘이 크면 클수록 발생되는 전기 에너지가 많다.

역학적 에너지를 전기 에너지로 바꾸는 방법인데 이 과정에서도 물론 에너지 보존법칙이 성립해야 한다. 역학적 에너지를 전기 에너지로 효과적으로 바꾸는 기계를 발전기라고 한다. 발전기의 원리는 이와 같이 지극히 간단하기 때문에 구조가 복잡하지 않고, 또 규모가 클 필요도 없다.

자전거의 라이트를 켜기 위해 바퀴에 밀착시키는 장치도 발전기라 할 수 있는데, 이를 분해해 보면 자석 속에서 코일이 회전하도록 되어 있다. 이는 페달을 밟는 발에서 나오는 에너지의 일부가 전기 에너지로 바뀌는 것이므로 이는 아마도 족력(足力)발전이라고 해야 할 것이다.

생각할 문제

■ 그림과 같이 전하량 −e인 전자가 오른쪽으로부터 말굽자석의 중심 P를 향하여 입사하였다. 전자는 어떻게 운동할 것인가?

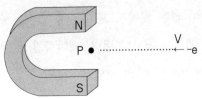

| **해 설** | 자기장 속을 운동하는 전하는 로렌츠의 힘을 받는다. 그 힘의 방향은 플레밍의 법칙으로 구한다. 즉 왼손의 엄지, 검지, 중지를 각각 서로에 대해 직각으로 하여 세 개의 좌표축을 만들었을 때 전자의 운동 방향과 반대 방향(전류의 방향)을 중지가 가리키는 방향으로, 검지 방향을 자기장의 방향(N → S)으로 잡을 때 엄지손가락이 가리키는 방향이 전자가 받는 힘의 방향이다. 이 경우에 전자가 받는 힘은 지면 뒤쪽을 향하므로 이 전자는 지면 뒤쪽으로 휘어져서 들어올 것이다.

■ P에서 Q로 전류가 흐르는 도선이 강한 자석 사이에 놓여 있다. 도선이 받는 자기력의 방향은?

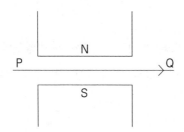

| **해 설** | 자기장 속을 흐르는 전류는 힘을 받는다. 그 힘의 방향은 플레밍의 법칙으로 구한다. 이 경우에도 전류가 받는 힘은 지면 뒤쪽을 향한다.

■ 그림과 같은 철심 가까이에서 막대자석이 회전하고 있다. 철심에는 코일이 감겨 있는데, XY 단자 사이의 전압을 증가시키기 위한 방법을 아래에서 모두 골라라.

① 철심과 자석 사이의 거리를 더 가깝게 한다.

② 코일의 감은 수를 증가시킨다.

③ 자석의 회전 속력을 증가시킨다.

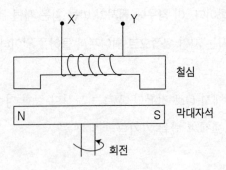

| 해 설 | 코일에 자기장이 빠르게 바뀔수록 센 전압이 유도된다. 그러기 위해서는 위 세 가지 방법 모두 유효하다.

자석 이야기

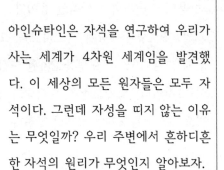

아인슈타인은 자석을 연구하여 우리가 사는 세계가 4차원 세계임을 발견했다. 이 세상의 모든 원자들은 모두 자석이다. 그런데 자성을 띠지 않는 이유는 무엇일까? 우리 주변에서 흔하디흔한 자석의 원리가 무엇인지 알아보자.

자석은 우리 주위에서 흔히 볼 수 있다. 그래서 별 생각 없이 매일 접하는 물건들 중 하나이거니 하고 지나치기 쉽다. 그러나 자석은 생각할수록 신기한 물건이며 한편으로는 '물리적인, 너무나 물리적인' 물체이다.

아인슈타인이 상대성 이론을 전개한 논문 제목이, '상대성 이론에 대한 연구'가 아니고 '자석에 대한 연구'였다는 것만 보더라도 자석이 얼마나 물리적인 물체인지 알 수 있다.

아인슈타인은 자석을 연구함으로써 우리가 사는 세계가 4차원 세계임을 발견하게 된 것이다. 1차원이니 2차원이니 하는 용어는 순전히 수학적인 용어다. 우리는 함수의 그래프를 그릴 때 X축과 Y축이 직교하도록 그린다. 이런 두 개의 축 안에 그릴 수 있는 도형을 2차원 도형이라 하는데, 평면도형이 그것이다. 입체도형을 나타내기 위해서는 추가로 Z축이 필요하고 이를 3차원 입체라고 한다.

1. 자석 연구로 4차원 세계 발견

우리가 살고 있는 세계는 4차원의 세계이다. 이를 나타내기 위해서는 3차원 공간 외에 시간이라는 것이 필요하다. 우리가 어떤 일을 할 때 반드시 시간이 필요한 것을 보아도 알 수 있다. 예를 들어 친구와 만날 약속을 해도 장소뿐 아니라 시간을 명시해야만 만날 수 있고, 역사를 공부할 때도 사건의 내용과 그 사건이 일어난 시대를 알아야만 완전히 이해가 된다. 공간만 가지고는 우리의 생활 자체가 성립되지 않는다.

다만 우리는 완전한 4차원이 아니고 4차원의 단면에 살고 있다고 한다. 단면이라는 것은 차원을 하나 줄이는 것처럼 보이게 하는 역할을 한다. 사과는 3차원 입체인데 이를 칼로 잘라서 그 자른 면을 보면 평면이 된다. 이는 2차원 평면이다. 또 2차원 평면인 종이를 칼로 자른 다음 그 단면을 보면 1차원인 선이 된다. 그렇다고 종이가 1차원 물체가 아니고 사과가 2차원 물체가 아닌 것처럼, 우리가 사는 세계가 4차원의 단면이라고 해서 3차원의 세계라고 생각해서는 안 된다.

겉으로 보기에 모든 사람에게 시간이 똑같이 흐르는 것처럼 보이기 때문에 3차원의 세계에 사는 것처럼 느껴진다. 여기서 시간이 다르게 흐른다는 말은 미국 사람과 한국 사람에게는 시간이 다르게 가서 미국이 밤일 때 우리는 낮이므로 시간이 다르다는 것과는 근본적으로 다른 의미다.

비행기를 타고 가다 보면 가는 장소에 따라서 시계를 조정해야 하는데, 경도에 따라 시간이 달라지는 것은 태양의 위치를 기준으로 각 나라의 시간을 정했기 때문이지 본래 시간 자체가 경도에 따라 달라지거나 느려지는 것은 아니다. 1초 사이의 간격은 영국이나 한국이나 마찬가지다.

우리는 동해안으로 갔다가 서해안으로 갈 수 있고, 판문점에 갔다가 제주도에도 갈 수 있으며, 지하실에서 옥상으로 갈 수도 있다. 즉 동서남북, 상하를 마음대로 갈 수 있지만 과거와 미래는 마음대로 갈 수 없다. 내일로 갔다가 모레로 갔다가 어제로 가서 현재로 오는 것과 같은 일은 있을 수 없다.

마찰이 없는 세계에서 물체에 힘을 주면 가속도 운동을 하니까, 얼핏 아무리 질량이 큰 물체라도 오랫동안 힘을 주면 작은 힘으로도 얼마든지 빛보다 빠르게 운동시킬 수 있다고 생각할 수 있다. 그러나 물체가 빛의 속도와 비길 만하게 빠른 속도로 움직일 수는 없다. 속도가 빨라지면 빨라질수록 물체의 질량이 증가하여 가속시키기가 더 힘들어지기 때문이다.

2. 물체가 빛의 속도에 가까워지면 물체는 무거워지고 시간 간격은 길어진다

뉴턴의 운동법칙
달은 지구 주위를 돌고, 지구는 태양 주위를 돌며, 태양도 은하계의 중심을 기준으로 돌고 있다. 이처럼 물체가 운동하기 위해서는 힘이 필요하다. 이러한 물체의 운동에는 몇 가지 법칙이 있는데, 관성의 법칙, 힘과 가속도의 법칙, 작용 반작용의 법칙이 바로 그것이다.

마찰이 없는 세계에서 물체에 힘을 주면 처음에는 물론 뉴턴의 운동법칙에 따라 속도가 증가하지만 그 속도가 빛의 속도에 가까워지면 속도는 별로 증가하지 않고 질량이 증가한다. 자연은 모든 물체의 속도가 빛의 속도 이상 되는 것을 허락하지 않기 때문이다.

일상적인 세계에서는 질량이 반드시 보존되어야 하지만,

물체가 빛의 속도에 비길 만큼 빠르게 운동하는 상황에서는 질량도 보존이 안 될 뿐 아니라 물체의 길이도 짧아지고 시간 간격도 길어진다. 다시 말해서 평소에는 너무 효과가 작아서 표시가 나지 않다가 그런 상황에서는 뚜렷하게 우리가 사는 곳이 4차원임을 보여주는 것이다.

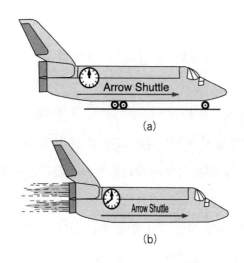

(a)

(b)

◀ 움직이는 물체는 길이 단축의 결과로 인해 움직이는 방향으로 길이가 줄어들며, 움직이는 시계는 시간 지연의 결과로 인해 정지한 시계보다 느리게 간다.

    정사각형의 면적은 한 변의 길이를 두 번 곱하고 정육면체의 체적은 한 변의 길이를 세 번 곱하며, 4차원 정입체의 체적(?)은 한 변의 길이를 네 번 곱하는 것이다. '가늘고 길게 사는 것보다 굵고 짧게 사는 것이 좋다.'는 말이 있는데, 이는 시간보다 공간을 중시한 4차원적 표현이다.

    그러면 4차원의 세계와 자석이 어떤 관계가 있는가? 3차원 입체인 사과를 자른 단면은 2차원인 평면이지만 자세히 보면 울퉁불퉁한 표시가 나므로 3차원 입체의 단면이라는 것을 알 수 있다. 마찬가지로 우리가 사는 세상을 잘 관찰하면 4차원의 세계라는 표시가 있는데 그것이 바로 자석이다. 아인슈타인은 그 자석이 만드는 자기장을 연구하여 우리가 사는 세계가 4차원의 세계라는 것을 밝혔다.

3. 영구 자석보다 본질적인 전자석

자석에는 N극과 S극이 있으며, 같은 극끼리는 미는 힘(척력)이 작용하고 다른 극끼리는 끄는 힘(인력)이 작용하여 쇠붙이를 끌어당긴다. 자석의 중간을 끊으면 분리된 곳에 다시 N극과 S극이 생겨 작은 자석 두 개가 된다. 자석은 아무리 잘라도 한쪽 극만 있는 것을 만들 수는 없다. 전기는 (+)전기만 모으거나 (-)전기만을 모으는 것이 가능하지만, 자기는 아무리 해도 한쪽 극만 분리되지 않는다.

자석에 오래 붙여놓은 철은 자석의 성질을 띠어 다른 물체를 끌어당기는 성질이 생긴다. 속담에 '먹물을 가까이 하면 검게 되고 인주를 가까이 하면 붉어진다(近墨者黑, 近朱者赤).'는 말이 있는데, 불량배들과 어울려 다니는 사람은 자기도 모르는 사이에 불량배가 될 수 있고 우등생과 어울리면 자기도 우등생이 될 수 있다는 것을 이르는 말이다.

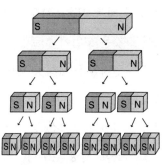

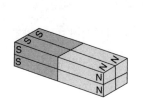

◀ 자석을 아무리 잘라도 한쪽 극만 가진 자석을 만드는 것은 불가능하다.

이를 이용하여 공장에서는 자석을 만든다. 자기력이 미치는 공간을 자기장이라고 하는데, 이 자기장 속에 연철을 뚝뚝 잘라 넣으면 조금 후에는 그 자기장의 영향을 받아 연철 막대기가 자석이 되는 것이다.

자석에는 두 가지 종류가 있다. 영구자석과 전자석인데, 그렇다면 영구자석이 본질적인 자석일까? 전자석이 본질적인 자석일까?

결론부터 이야기하면 전자석이 영구자석보다 본질적이라고 할 수 있다. 왜냐하면 영구자석도 결국은 작은 전자석이 모여서 된 것이기 때문이다.

모든 물체가 그렇듯이 자석을 만드는 재질도 원자로 만들어졌다. 그런데 그 원자의 구조는 가운데에 (+)전하를 갖는 원자핵이 있고 주위에는 (-)전하를 갖는 전자가 회전하고 있다. 만약 전자가 회전하지 않으면 (+)와 (-)의 인력에 의해서 전자는 원자핵으로 떨어질 것이다. 전하를 띤 입자가 운동하는 것이 바로 전류이므로 원자핵 주위에는 전류가 흐르고 있으며 그것은 코일에 흐르는 전류와 똑같은 역할을 한다.

모든 원자들은 사실상 하나의 작은 전자석이고, 원자로 이 세상의 모든 물체가 만들어졌으므로 세상 만물은 작은 전자석이 모여서 이루어진 셈이다.

그런데 왜 세상 만물이 자석이 아닐까? 그것은 각각의 원자 속에 있는 전자의 회전 방향이 다르기 때문이다. 어느 한 전자가 시계 방향으로 회전하는데 또 다른 전자가 바로 옆에서 반시계 방향으로 회전하면 그 효과는 상쇄되어 전류의 세기가 0이 되므로 자기장을 만들 수 없다.

우리가 떼어낼 수 있는 아무리 작은 물체라도 그 속에는 세계 인구보다도 많은 원자가 있고 거기에서 회전하는 전자의 수는 그보다 더 많은데, 그러한 모든 전자의 회전 방향은 평균적으로 서로가 서로를 상쇄하는 방향이다.

그러므로 평소에는 자기장이 밖으로 드러나지 않다가, 강력한 외부 자기장의 영향을 받으면 전자의 회전 방향이 한쪽으로 정돈되려는 힘을 받는다. 이렇게 되면 전자의 회전 방향이 서로를 완전히 상쇄하지 못하게 되므로 자성이 밖으로 드러나게 되는데, 그것이 바로 영구자석이다. 따라서 영구자석은 개개 전자의 회전에 기인하는 것이므로 전자석이 본질적인 자석이라는 것이다.

자석 위에 종이를 얹어두고 그 위에 쇳가루를 뿌리면 쇳가루가 가지런히 늘어서는데 이 선을 자기력선이라 하고 쇳가루가 영향을 받는 공간을 자기장이라 한다. 사실 지구도 하나의 커다란 자석이기 때문에 우리 모두는 약한 자기장 속에서 매일 생활한다고 할 수 있다. 항해를 할 때에는 나침반(작은 자석)이 가리키는 방향을 기준으로 항로를 판단한다.

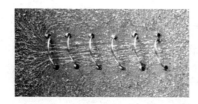 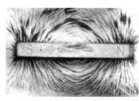

◀ 코일에 의한 자기장의 모양과 막대 자석에 의한 자기장의 모양이 유사하다.

4. 운동하는 전하가 자기장을 만든다

어느 점의 자기장 방향은 그곳에 자침을 놓았을 때 그 자침이 가리키는 방향으로 정의한다. 따라서 막대자석의 N극 주위의 자기장은 밖으로 나가며, S극 주위의 자기장은 들어가는 방향이다.

즉, 자기장의 방향은 N극에서 나와 S극으로 들어가는 형태로 형성된다.

그러므로 지구를 하나의 커다란 자석으로 볼 때 북극

자전축

➡ 지구는 하나의 거대한 자석이다.

(North)은 자침의 N극이 가리키는 방향이므로 S극이고, 남극 (South)이 N극이다.

그런데 그 자기장이 전류로부터도 만들어진다. 전류란 전하의 이동인데 전하가 가만히 있으면 전기장만 만들지만 이동하면 자기장도 만든다. 전하가 이동하는지 어쩐지를 어떻게 알고 자기장을 형성할 수 있는가? 더구나 어떤 것이 움직이느냐 아니냐는 완전히 상대적인 것이다. 내가 보아서 움직이는 것도 다른 사람이 볼 때 움직이지 않을 수도 있다.

전류가 자기장을 만든다는 실험은 누구나 간단히 할 수 있다. 그러한 실험을 최초로 시도한 사람이 덴마크의 외르스테드다. 그는 전류의 방향과 직각으로 자침을 놓아 어떠한 영향이 있는지를 조사하였으나 별다른 영향은 발견되지 않았다. 다음에는 전류를 남북 방향으로 흘린 다음 그와 평행하게 전선의 밑에 자침을 놓으니 자침이 움직여 전류의 방향과 직각으로 향했다. 전류를 끊으면 다시 원위치로 돌아오고 전류를 통하면 다시 직각으로 돌아가는 것으로 보아 자침이 움직이는 원인이 전류 때문인 것이 분명했다.

이번에는 전선 위에 자침을 놓으니 자침이 아까와는 반대로 움직였다. 전류의 방향을 바꿔서 실험을 하였더니 자침이

외르스테드
(Hans Christian Oersted, 1777～1851) 덴마크의 물리학자 · 화학자. 1820년 도선(導線) 옆에 둔 자침이 전류에 의하여 힘을 받는다는 사실을 발견, 전자기 역학의 단서를 열었다. 에르스텟 단위는 그의 이름에서 유래되었다.

반대로 움직였다. 이런 실험 결과를 정리하면, 도선에 흐르는 전류는 자기장을 만들며 그 자기장의 모양은 전류를 중심으로 동심원의 형태이고, 전류에서 멀어질수록 약해진다는 사실을 알 수 있다.

자기장의 방향은 오른손으로 전류를 감아쥘 때 엄지손가락이 전류의 방향이면 나머지 손가락이 감긴 방향이 바로 자기장의 방향이 된다. 또는 나사를 조일 때 나사가 진행하는 방향이 전류의 방향이면 나사를 돌리는 방향이 자기장의 방향이다.

🌿 도선에 전류가 흐르면 주변에 자기장이 만들어진다. 이때 도선 주변에 생기는 자기장의 모양은 주변에 쇳가루를 뿌려서 그들이 배열되는 것을 통하여 알 수 있다.

  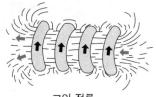

| 직선 전류 | 원형 전류 | 코일 전류 |

N극은 자기력선이 나오는 곳이다. 그런데 직선 전류가 만드는 자기장은 도선을 중심으로 동심원을 이루기 때문에 좌우전후가 대칭이다. 그러므로 자기력선이 들어오고 나오고 하는 곳이 없고, N극이니 S극이니 하는 용어도 쓸 수 없다.

그러나 직선 도선을 원형으로 만들면 자기력선의 대칭이 깨져 들어오는 방향과 나가는 방향을 구별할 수 있고, 따라서 N극과 S극을 정할 수 있다.

원형으로 여러 번 감아 코일을 만들고 전류를 흐르게 하면 그것이 만드는 코일 외부 자기장의 형태는 막대자석이 만드는 자기장의 형태와 완전히 같게 되며 이를 전자석이라고 한다.

코일은 전선을 감아서 만들었으므로 원형 전류가 중첩한 것이고, 원형 전류는 직선 전류를 구부려서 만들었으므로 자기장을 만드는 가장 기본적인 구조는 직선 전류가 만드는 자기장이다. 그런데 전류는 전하의 이동이므로 자기장을 만드는 것은 결국 '운동하는 전하' 다.

앞서 아인슈타인의 상대성 이론에 대한 논문 제목이 자석에 대한 연구라고 했는데 실제는 '움직이는 전하 주위의 자기장에 대한 연구'였다.

그 연구의 결론은, 자기장은 전기장의 4차원적 효과라는 것이다. 4차원적 효과가 나타나기 위해서는 빠른 속도가 필요한데 전류의 속도는 그 효과가 겉으로 나타날 만큼 빠르므로 자기장이 생길 수 있다.

자석이 우리와 함께 존재한다는 것은 우리가 살고 있는 세계가 4차원의 세계라는 것을 입증해준다. 따라서 시간이 모든 사람에게 똑같은 속도로 가는 것이 아니며, 길이도 모든 사람에게 똑같이 측정되는 것이 아니고 질량도 마찬가지다.

생각할 문제

천둥과 번개는 자연에서 일어나는 대규모의 방전으로 순간적으로 많은 전류가 흘러 강력한 전력을 발생시킨다. 이때 흐르는 전류를 측정하는 방법의 하나로 피뢰침에서 땅으로 향하는 도선의 중간을 감아 코일을 만들고 그 코일에 연철을 넣어두는 방법이 있다. 이렇게 하면 어떻게 순간적으로 흐른 전류를 알 수 있는지 생각해 보자.

| 해 설 | 보통의 번개가 칠 때 수억 볼트의 전압에, 수백 암페어의 전류가 순간적으로 흐른다고 한다. 이 전류는 중간에 만들어 장치한 코일에 흐르게 되고 이 전류는 코일 내부에 강한 자기장을 만든다. 따라서 강한 자기장 속에 놓여 있는 연철을 자화시킬 것이고 한번 자화된 연철은 외부에서 작용한 자기장의 세기에 비례하고 솔레노이드의 내부 자기장의 세기는 흐른 전류의 세기에 비례한다.

그러므로 연철의 자화 정도를 측정하면 번개가 치면서 흐른 전류를 간접적으로 측정할 수 있다.

물질 속으로

읽기 전에

원자핵이 양성자와 중성자로 이루어져 있고 그 주위를 전자가 돌고 있다는 사실이 밝혀지면서 물리학자들은 쾌재를 불렀다. 그러나 가속기의 효능이 높아짐에 따라 양성자와 중성자는 더욱 작은 알갱이로 구성되어졌음이 밝혀졌고, 그 구성입자들의 수는 점점 많아졌다.

1. 분자, 생명 탄생의 근원

밀크 커피는 커피에 물과 프림과 설탕을 넣어 만들고, 콘크리트는 모래, 자갈, 시멘트에 물을 부어 만든다. 우리 주위의 모든 물질은 보통 이렇게 두 가지 이상의 물질이 섞여서 만들어진다. 약수터에서 방금 떠 온 맑은 물일지라도 그 속에는 수없이 많은 물질이 섞여 있다. 여기에서 순수한 물을 분리하려면 그 물을 끓여 나오는 수증기를 응결시키면 된다. 이렇게 만들어진 순수한 물인 증류수는 더 이상 다른 물질로 분리되지 않는다. 이러한 물질을 순물질이라고 하는데 순물질은 물리적인 방법으로 분리할 수 없고 화학적인 방법을 통해서만 분해할 수 있다.

물에다 전기를 통하면 양극에서는 산소가, 음극에서는 수소가 발생하여 물이 산소와 수소로 분해된다. 그러나 산소나 수소는 물과는 전혀 다른 성질을 가진 물질이다.

소금은 물에 들어 있든 모래에 들어 있든 순수한 소금이든 짠맛을 낸다. 이 소금을 나트륨과 염소로 분해하면 짠맛은 없어지고 다른 물질이 생긴다. 이렇게 계속해서 분해하면 그 물질의 성질이 완전히 바뀌기 전 그 물질의 마지막 단위가 되고 그것을 우리는 분자라고 한다.

순수한 물을 가르고 갈라 계속해서 작게 쪼개면 물의 성질을 잃지 않는 마지막 한 개의 단위가 되는데, 그것이 바로 물분자이다. 그 물분자는 산소원자 한 개와 수소원자 두 개로 만들어진 화합물이다. 산소원자 두 개에 수소원자 두 개로 만들어진 화합물은 과산화수소라는 분자인데 겉으로 보기에는 물과 비슷하지만 성질은 전혀 다르다. 물은 갈증날 때 마시는 것이지만 과산화수소는 상처 소독에 쓰이는 것으로 마시면 몸에 해롭다.

그 물질이 어떠한 원자로 이루어졌는지를 나타내 주는 것이 분자식인데, 물의 분자식은 H_2O이고 과산화수소의 분자식은 H_2O_2이며 소금의 분자식은 $NaCl$이다. HCl은 염화수소이고 $NaOH$는 보통 양잿물이라고 하는 수산화나트륨이다.

이렇게 하여 수십억 가지에 달하는 이 세상의 모든 분자들이 약 백여 가지 원자들의 조합으로 만들어진다. 종이, 나무, 콘크리트 등 우리 주위에 있는 모든 물체들은 이러한 화합물들이 섞여서 만들어진 것이다.

지구보다 온도가 높은 수성이나 금성, 지구보다 온도가 낮은 화성은 분자의 종류가 지구보다 훨씬 적다. 지구의 온도는 분자의 종류를 증가시키기에 적당한 온도이며, 생명은 그 분자의 복잡성에 근거한다.

까마득한 과거의 어느 순간에 분자 하나가 그때까지는 가지지 못했던 자기복제의 성질을 우연히 가질 수 있게 되었다고 하자. 그러한 일이 실제로 일어날 수 있는가 어떤가는 아직도 논란이 되고 있지만 분자의 엄청난 다양성을 감안한다면 그럴 수 없다는 주장 또한 설득력이 없어 보인다. 이 분자는 또 다른 기능을 갖는 자기복제의 기능이 추가될 때까지 자기복제 작용을 반복했을 것이다. 이것이 바로 생명 진화의 시작이며, 물리학자인 제럴드 파인버그(Gerald Feinberg)의 말처럼 생명은 단지 '물질의 질병(a disease of matter)'으로 생긴 것으로 볼 수 있다.

2. 구슬 알갱이의 내부

이 세상을 만드는 원료가 원자인 셈인데 그 원자는 또 무엇으로 만들어졌을까? 고대의 과학자 데모크리토스는 더 이상 나눌 수 없는 구슬과 같은 작은 알갱이를 원자라 하였고, 전자를 발견한 톰슨은 수박같이 생긴 양전하 덩어리에 음전하를 띤 전자가 수박씨처럼 박혀 있는, 소위 수박 모형을 만들었다. 그 후 러더포드는 헬륨의 원자핵인 알파입자를 얇은 금박에 입사시켜 그 양전하를 띤 알파입자의 산란되는 모양을

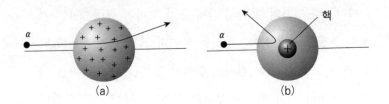

(a) (b)

통계적으로 분석하였다. 그 결과 양전하가 원자 전체에 퍼져 있는 것이 아니라 한 곳에 집중되어 있음을 발견하고 이를 원자핵이라 이름지었다.

따라서 원자의 구조는 자연스럽게 태양계와 비슷한 모형이 되었다. 즉 원자의 가운데 태양에 해당하는 양전하를 띤 원자핵이 있고 주위에 전자가 행성들처럼 돌고 있는 것이다. 행성들이 원운동하기 위한 구심력은 태양과 행성 사이의 만유인력이지만 전자가 원운동하기 위한 구심력은 원자핵과 전자 사이의 전기력이다. 행성이 자전을 하면서 공전을 하듯 전자도 스핀을 가지고 원자핵 주위를 공전한다. 천재와 바보는 종이 한 장 차이라는 말도 있듯이 극대의 세계와 극미의 세계는 구조가 비슷하다.

행성이 태양 주위를 공전할 때는 마찰이 전혀 없으므로 에너지가 소모되지 않는다. 그러나 전하를 가진 전자가 원운동를 하게 되면 전자기파를 방출해야 되고, 전자기파도 에너지이므로 마찰이 있어 속도가 줄어드는 행성들처럼 힘을 잃고 원자핵 속으로 빨려들어 가야 한다.

원자 중에 가장 간단한 원자는 수소원자인데 양성자 한 개를 원자핵으로 하여 전자 한 개가 회전한다. 그 수소원자는 특정한 빛만을 흡수 또는 방출하고 그 빛의 파장은 발머계열이라고 하는 수열을 이룬다.

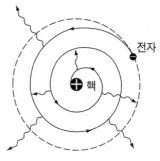

보어(Niels Bohr, 1885~1962)
덴마크의 물리학자. 코펜하겐대학 교수. 러더퍼드의 원자 모형에 양자 조건을 적용하여 수소의 선 스펙트럼을 설명하고 대응원리를 발표하였다. 양자 역학이 성립된 후는 상보성의 개념 등으로 그 기초의 해명에 노력하였다. 1940년 독일군을 피해 미국으로 건너간 후 원폭 제조 계획에 참가하였다. 1922년 노벨 물리학상과 1957년 제1회 원자력 평화상을 받았다.

보어는 수소 내의 전자가 가질 수 있는 궤도를 특정하게 한정하는 가설을 세워 발머계열을 설명하는 데 성공하였다. 보어가 설정하는 궤도를 도는 전자는 원인 설명이 불가능하지만 전자기파를 방출하지 않고 같은 운동을 반복할 수 있다는 것이다. 원자가 빛을 방출하는 것은 전자가 더 안쪽 궤도로 갑자기 떨어지면서 그 에너지 차이에 해당하는 만큼의 전자기파를 내보내는 것이기 때문에 궤도 사이의 에너지 차이는 불연속적일 수밖에 없고, 그래서 원자가 내보내는 빛이 띄엄띄엄한 선스펙트럼을 만든다고 설명했다.

▮ 원자의 선 스펙트럼 ▮

보어의 주장은 수소원자에서 발생하는 빛을 정확하게 설명할 수 있었고, 눈에 보이지 않는 부분인 적외선이나 자외선 범위에서도 물론 실험 사실과 정확하게 일치했다. 현재 교과서에서 배우는 원자의 구조는 보어의 원자모형에 기반을 둔 것이다.

100여 가지의 원자들은 원자핵 속의 양성자 개수로 설명할 수 있다. 즉 양성자가 한 개인 원자는 수소, 두 개인 원소는 헬륨, 세 개는 리튬, 네 개는 베릴륨 등 이렇게 100여 가지의 원소가 통일적으로 설명된다.

중성자가 다르다고 해서 원소의 종류가 바뀌는 것은 아니고, 단지 물리적인 성질만 약간 바뀔 뿐이다. 양성자 수는 같은데 중성자 수만 다른 원소를 동위 원소라고 한다. 중성자 수는 같은데 양성자 수가 다르면 근본적으로 다른 원소가 된다. 모든 물질은 기본적으로 중성이므로 전자의 개수는 양성자의 개수와 일치해야 한다.

3. 물질 현미경

우리는 어떤 대상을 좀더 자세하게 관찰하기 위해서 현미경을 사용한다. 세포를 관찰하려면 생물실에 있는 광학현미경으로도 충분하고, 큰 분자는 전자현미경으로 사진을 찍을 수도 있다. 광학현미경은 빛으로 물체를 보는 것이므로 물체가 빛의 파장보다 작으면 반사가 일어나지 않아 물체를 볼 수 없다. 칼로 물체를 자르려 할 때 칼날의 두께가 물체보다 작아야 하는 것과 같은 이치이다. 예를 들어 수영하는 사람의 몸은 파도를 막지 못하지만 큰 배는 파도를 반사시킬 수 있다. 따라서 물결파와 같은 파장으로는 사람도 보이지 않고 배와 같은 크기의 물체만 볼 수 있다.

운동하는 전자는 드 브로이의 이론에 의해서 파도와 같은 성질을 띠게 되고, 그 파장은 빛보다 훨씬 작다. 이를 '물질파' 라고 하는데, 이 파장이 짧은 파동을 이용하여 광학현미경보다 배율이 높은 현미경을 만든 것이 전자현미경이다. 광학현미경에서 빛은 렌즈에 의해서 상을 확대하지만 전자현미경에서 전자는 전기장과 자기장에 의해서 상을 확대한다.

원자의 내부를 들여다보기 위해서는 파장이 더 짧은 물질파가 필요한데, 그러기 위해서는 입자의 속력이 빨라야 한다. 그래서 과학자들은 입자를 가속시키기 위한 장치가 필요하게 되었고, 입자를 가속시키기 위해서 거대한 입자 가속기가 건설되게 되었다. 아이러니컬하게도 극미의 세계를 탐구하기 위해서 실험기구는 거대해진다. 가속기가 크면 클수록 입자의 파장은 짧아지고 더 세밀한 곳까지 사진을 찍을 수 있는 것이다.

↑페르미 국립 가속기 연구소에 있는 입자 가속기의 외부 사진과 내부 사진.

4. 구두끈 가설

러더포드의 실험은 원자핵이 원자에서 차지하는 부피가 잠실운동장에서 모래 한 개가 차지하는 부피 정도로 작다는 사실을 밝혔다. 그러나 그 원자핵은 원자 질량의 99.9%를 차지하고 있다. 원자핵의 둘레에 있는 전자의 질량은 원자핵을 이루는 양성자와 중성자의 질량에 비해서 무시할 수 있을 정도로 작기 때문이다.

물질을 만드는 원료인 100여 가지의 원자가 단지 양성자와 전자, 중성자로 설명할 수 있게 되었으니 얼마나 단순한가. 그러나 발달된 기술은 입자 가속기의 효율을 증대시켰다. 결과적으로 원자핵을 더 자세히 관찰할 수 있게 되었고, 그 안에도 구조가 있다는 것이 밝혀짐에 따라 점점 더 많은 새로운 입자들이 발견되었다.

성능이 좋은 가속기가 가동될 때마다 새로운 입자들이 발견되었으므로 100여 가지밖에 안 되는 원자를 설명하기 위한 소립자가 100여 가지가 넘게 되자 물리학자들은 이들이 물질의 근본이 아니라 다시 더 근본적인 입자가 있을 것이라는 생각을 갖게 되었다. 이탈리아의 물리학자 페르미는 핵입자(이를 '하드론'이라고 한다)들의 급격한 증가를 목격하고 핵물리학의 결과가 이렇게 될 줄 알았으면 동물학을 공부했을 것이라고 말했다고 한다.

페르미
(Enrico Fermi, 1901~1954)
이탈리아의 원자 물리학자. 전자에 관한 새로운 통계법을 발표, 중성자 및 중성자에 의한 원자핵 파피의 실험 등에 공헌하여 1938년 노벨 물리학상을 받았다. 그후 파시스트에 추방되어 미국으로 건너가 세계 최초로 원자로를 건설. 우라늄 235의 핵분열에 성공, 원자 폭탄 제조에 공헌하였다.

하드론들이 증가하면서 이들을 성질에 따라 분류하면 원소의 주기율표가 되듯이 많은 하드론들은 팔정도(八正道, eightford way)라 불리는 대칭적인 모양으로 정리될 수 있다. 팔정도는 하드론의 다양성을 정리하고 분류하는 데 결정적인 역할을 하였다. 주기율표가 그렇듯이 그 주기적인 표에서 빈 곳이 생겼다면 앞으로 발견해서 채워질 자리라고 예언할 수 있었고, 또 그대로 되었다.

이 당시 하드론의 다양성을 설명하는 유력한 이론 중에 구두끈 가설(bootstrap hypothesis)이 있다. 이는 하드론을 자르면 다른 하드론이 된다는 것인데 어느 것도 다른 어느 것보다 더 근본적이지 않다는 이론으로, 미시우주를 지배하는 핵의 민주주의라고 불려도 좋은 가설이다. 어떻게 한 개를 잘라서 비슷한 질량 두 개를 만들 수 있는가 하는 것은 질량보존의 법칙에 위배되므로 고전물리에서는 재론의 여지가 없을 것이다.

그러나 상대성이론은 질량이 에너지와 같다는 것을 증명했으므로, 에너지만 공급하면 질량은 언제든지 무(無)에서 생길 수 있는 것이다. 따라서 한 개의 하드론을 자르기 위해 입자 가속기에서 공급하는 에너지가 질량으로 변하여 또 다른 하드론을 만든다고 생각하면 기본적인 보존법칙에도 어긋나지 않을 뿐만 아니라 당시 과학자들의 정서에도 호소하는 바가 컸었다. 그러나 이 이론은 팔정도의 규칙성을 설명하지는 못했다.

5. 신나는 쿼크 사냥

겔만(Murray Gell-Mann)
미국의 물리학자. 소립자론을 연구하고 대칭성 원리에 입각하여 소립자를 분류하였으며, 크사이입자 발견의 바탕을 만들었다. 또 소립자를 설명하는 팔도설과 기본 입자인 쿼크 이론을 제창하였다. 1969년 노벨 물리학상을 수상하였다.

1963년 어느 날 겔만은 만일 하드론들이 자신이 '쿼크(quark)'라고 이름 붙인 더 기본적인 입자들로부터 만들어졌다고 가정하면 팔정도를 만족스럽게 설명할 수 있다고 제안하였다.

쿼크는 독일말로 치즈의 일종이라고 한다. 그 때까지 발견된 하드론들은 전하량이 3등분될 수 있는 쿼크인 세 개의 쿼크를 조합하여 만들 수 있다. 즉 양성자는 전하량이 2/3인 '위(up) 쿼크' 두 개와 전하량이 −1/3인 '아래(down) 쿼크'

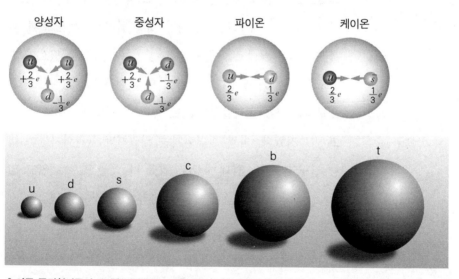

↑이론 물리학자들이 존재한다고 믿는 쿼크들의 6가지 향(그 중 5개가 발견되었다) 위(up), 아래(down), 기묘한(strange), 매력적인(charm), 밑바닥(bottom), 꼭대기(top)라고 불리운다. 쿼크들은 따로 자유 상태의 입자로 검출된 적이 없으며 오직 관측된 하드론의 내부에서 결합된 상태로만 발견되었다.

가 한 자루에 담겨 있다고 생각하면 전하량이 1이 되고, 중성자는 전하량이 위 쿼크 한 개와 아래 쿼크 두 개가 담긴 자루로 생각하면 중성이 된다. 그 밖의 쿼크로는 기묘한(strange) 쿼크인데 이 세 가지 쿼크와 반(反) 쿼크를 가지고 이제까지의 모든 하드론들을 조합할 수 있다.

그러나 성능 좋은 가속기가 가동되자 그 3개의 쿼크를 가지고도 조합이 되지 않는 하드론이 발견되었다. 따라서 네 번째의 쿼크를 도입하게 되었고 '매력적인(charmed) 쿼크'라고 이름을 붙였다.

후에 발견된 하드론들도 그 네 가지의 조합으로 잘 설명이 되었으므로 쿼크 모형은 확고한 기반을 가지게 되었다. 그렇다면 '또 다른 쿼크는 없는가?' 하는 물음이 자연스럽게 나올 수 있다. 실제로 대규모 쿼크 찾기가 계속되고 있으며 지금도 끝나지 않고 있다. 그 결과 다섯 번째 쿼크의 필요성을 요구하는 하드론이 발견되었고, 즉각 '바닥(bottom) 쿼크'라고 이름지었다. 아직 발견되지는 않았지만 물리학자들은 더 큰 질량을 갖는 '꼭대기(top) 쿼크'가 있을 것으로 믿고 있다. 그 믿음의 확고함은 이름을 미리 지은 것으로 짐작할 수 있다.

'이 6가지의 쿼크들로 모든 하드론들을 설명할 수 있을 것인가?' 하는 물음에 누구도 '그렇다.'고 대답할 수는 없을 것이다. 그러나 쿼크가 모여서 하드론이 된다는 것만은 이론(異論)이 없다.

쿼크의 수가 많아지면 '그 쿼크도 더 기본적인 입자의 조합으로 만들어질 수 있지 않을까?' 하는 자연스런 의문이 생긴다. 그러나 쿼크는 더 이상 하드론 자루 밖으로 모습을 드러내지 않는다. 하드론을 자르면 자루 내부에서 다른 쿼크를 만들어 여분의 하드론을 창조하므로 이른바 구두끈 가설이 적용될 것이다. 그러므로 쿼크보다 더 기본적인 입자의 도입은 필요없을 것이라는 것이 대부분 물리학자들의 견해이다.

생각할문제

다음에 4가지 핵 반응이 제시되어 있다. X로 표시한 것이 중성자인 것을 모두 골라라.

① $^{14}_{7}N + ^{4}_{2}He \longrightarrow ^{17}_{8}O + X$

② $^{27}_{13}Al + ^{4}_{2}He \longrightarrow ^{30}_{15}P + X$

③ $^{2}_{1}H + ^{2}_{1}H \longrightarrow ^{4}_{2}He + X$

 정답 》》② ③

| 해 설 | 각각의 핵반응에서 원소 기호의 위쪽에 있는 큰 수가 질량수이고 아래에 있는 작은 수가 원자 번호인데 반응

전과 후에 그 숫자들이 보존되어야 한다.

왜냐하면 원자 번호는 양성자의 수를 나타내고, 질량수는 양성자수에 중성자수를 더한 것을 나타내는데, 핵반응에서 각각의 입자들이 없어지거나 새로 생기지 않기 때문이다.

①에서 좌변의 질량수는 14+4=18이므로 우변의 질량수도 18이 되기 위해 X의 질량수가 1이 되어야 한다. 또 좌변의 원자 번호는 7+2=9이므로 우변의 원자 번호도 9가 되려면 X의 원자 번호는 1이 되어야 한다. 따라서 질량수 1, 원자 번호 1인 입자인 양성자이다.

②에서 좌변의 질량수는 27+4=31이므로 우변의 질량수도 31이 되기 위해 X의 질량수가 1이 된다. 좌변의 원자 번호는 13+2=15이므로 우변의 원자 번호도 15가 되려면 X의 원자 번호는 0이다. 따라서 질량수 1, 원자 번호 0인 입자인데 이는 중성자이다.

고교생이 알아야 할

물리 스페셜
PHYSICAL SPECIAL

초판 1쇄 발행 | 2001년 2월 5일
초판 7쇄 발행 | 2011년 2월 28일

지 은 이 | 신근섭 · 이희성
펴 낸 이 | 신 원 영
펴 낸 곳 | (주)신원문화사

주   소 | 서울시 영등포구 당산동 121-245 신원빌딩 3층
전   화 | 3664-2131~4
팩   스 | 3664-2130

출판등록   1976년 9월 16일 제5-68호

＊ 잘못된 책은 바꾸어 드립니다.

ISBN 89 - 359 - 0945 - 9 43420